GUANGDONG SENLIN SHENGTAI XITONG
DINGWEI GUANCE WANGLUO JIANSHE YU YANJIU

广东省森林生态系统
定位观测网络建设与研究

周平 主编

张方秋 王兵 周毅 副主编

中国林业出版社

图书在版编目（CIP）数据

广东省森林生态系统定位观测网络建设与研究/周 平　主编. —北京:中国林业出版社,2011.5

ISBN 978-7-5038-6165-9

Ⅰ.①广…　Ⅱ.①周…　Ⅲ.①森林生态系统:监测系统－研究－广东省　Ⅳ.①S718.55②X835

中国版本图书馆 CIP 数据核字（2011）第 081291 号

责任编辑：于界芬

电话:83229512　　　　传真:83227584

出版　中国林业出版社（100009　北京西城区刘海胡同 7 号）
电话　83224477
网址　lycb. forestry. gov. cn
发行　新华书店北京发行所
印刷　北京顺诚彩色印刷有限公司
版次　2011 年 5 月第 1 版
印次　2011 年 5 月第 1 次
开本　787mm×1092mm　1/16
印张　6. 5
字数　131 千字

定价　48. 00 元

《广东省森林生态系统定位观测网络建设与研究》
编委会

序

　　森林生态系统定位观测站网建设是林业科技基础条件平台建设和科技创新体系的重要内容。国家十分重视林业野外科学观测研究工作,《中共中央 国务院关于加快林业发展的决定》(2003 年)把"抓好林业重点实验室、野外重点观测台站、林业科学数据库和林业信息网络建设"作为科技兴林的重要内容;《国家林业科技创新体系建设规划纲要(2006—2020 年)》明确提出"根据林业科学实验、野外试验和观测研究的需要,新建一批森林、湿地、荒漠生态站,初步形成覆盖主要生态区域的科学观测研究网络"。

　　在广东经济社会发展新的历史时期,现代林业建设肩负着新的使命,面临新的挑战。实施绿色发展战略,维护生态安全、气候安全、能源安全和生态平衡,建设生态文明和幸福广东,都要求林业有一个大的发展。依托生态站网构建高水平的科技创新平台,开展长期定位观测研究,了解生态环境质量的现状和发展趋势,为资源保护、退化生态系统恢复等提供科学依据和科技支撑,是促进森林资源增长,提高森林资源质量,加快现代林业强省建设的重要基础和保障。

　　广东一直重视森林生态效益的监测与效益监测站的建设。2001 年,省政府在颁布的《广东省农业科技发展纲要(2001—2010)》中提出"建立 3 ~ 5 个森林生态环境监测站",最早确定了广东省森林生态效益监测工作的任务和目标。2003 年,省委、省政府决定开展创建林业生态县、建设林业生态省活动,对森林生态效益监测和监测站建设工作均提出了更明确的要求。同年,省林业局启动实施"广东省森林生态环境监测站建设与研究",由广东省林业科学研究院承担构建广东省森林生态效益监测与研究网络,先后完成了东江、韩江、西江和北江流域森林生态监测站的建设。在此期间,广东沿海森林生态站、广东南岭森林生态站、广东东江源森林生态站先后加入了中国森林生态系统研究网络(CFERN)。

　　广东省森林生态定位站网络以广东省温度梯度、降水梯度、植被类型、气候带分区和水系分布为布局依据,结合广东省自然保护区和林场的建设进行网络布局,通过进行定位观测塔、生物多样性样地、地表径流场、水量平衡场和测流堰等基础设施建设,购置相应的水文监测、土壤监测、大气监测和生物监测等观测设备，构建了全球同纬度区域唯一完整网络布局的观测系统，并构建了全球唯一的沿海梯度观测系统。多年来，以省森林生态定位站网络为平台，开展了广东省森林小气候、森林土壤、森林水文、森林群落、生物多样性和森林健康的生态专项研究，并致力于研究广东省沿海防护林防护效应、东江流域水源林水文生态功能、广东森林固碳增汇、气候变化与生物多样性、森林净化大气等科学问题，在网络构建、研究方法等方面进行了探索，为广东省现代林业发展提供了科技支撑。

　　让我们携手并肩，继往开来，大力秉承"求实创新"的科研精神，有重点、有步骤地推动广东森林生态系统定位研究网络不断向"规范化、标准化、科学化"发展，为全省、全国乃至全球的林业事业做出更大的贡献！

广东省林业局局长

2011 年 4 月

目　录

1

绪　言

　　20 世纪下半叶以来，气候变暖、土地沙化、水土流失、干旱缺水、物种减少等生态危机正严重威胁着人类的生存与发展。随着 1992 年《世界环境与发展大会》的召开和 1997 年《京都议定书》的签订，以及 2000 年联合国《千年生态系统评估（MA）》的开始，人们越来越关注地球生态系统和全球气候变化的相互作用，迫切需要获取反映陆地生态系统状况的各种信息，同时各国政府在进行生态保护、自然资源管理、应对全球气候变化和实现可持续发展等宏观决策中也需要相关信息和数据作为科学依据。

　　森林是陆地上最重要的生态系统，林业是生态建设的主体。为了揭示陆地生态系统结构与功能，评估林业在经济社会发展中的作用，从 20 世纪 50 年代末至 60 年代初，原林业部开始建设中国陆地生态系统定位研究网络（以下简称生态站网，英文简称 CTERN），经过几十年的发展，目前生态站网建设已初具规模，成为国家野外科学观测与研究平台的重要组成部分，对国家生态建设发挥着重要的支撑作用。

　　2006 年广东省林业科学研究院承担了广东省第一个国家林业局森林生态网络（CFERN）站点"广东沿海防护林森林生态定位站建设"的项目，同时承担了始于 2003 年的广东省森林生态观测网络沿海站的建设，至 2010 年已经全部完成生态站的各项建设任务，形成了汕头、汕尾、江门、湛江东海岛、湛江北部湾红树林等沿广东海岸线分布的一站多点的广东沿海森林生态观测体系。2008 年，在广东省森林生态网络北江流域和东江流域森林生态监测站建设的工作基础上，根据"国家林业局陆地生态系统定位研究网络中长期发展规划（2008 – 2020 年）"申请了国家林业局森林生态研究网络的"广东南岭森林生态站建设"和"广东省东江源水源涵养林森林生态站建设"项目并获批复，在此期间积极地邀请全国生态研究领域的知名专家开展了科学研究规划、勘察设计，进行了一系列基础条件建设。

　　广东省森林生态定位站网络以广东省温度梯度、降水梯度、植被类型、气候带分区和水系分布为布局依据，在现场考察的基础上，结合广东省自然保护区和林场的建设进行网络布局。在此基础上进行定位观测塔、生物多样性样地、地表径流场、水量平衡场和测流堰等基础设施建设，并购置相应的水文监测、土壤监测、大气监测和生物监测等观测设备。开展了广东省森林小气候、森林土壤、森林水文、森林群落、生物多样性和森林健康的生态专项研究，并致力于研究广东省沿海防护林防护效应、东江流域水源林水文生态功能、广东森林固碳增汇、气候变化与生物多样性、森林净化大气等科学问题(图1-1)。

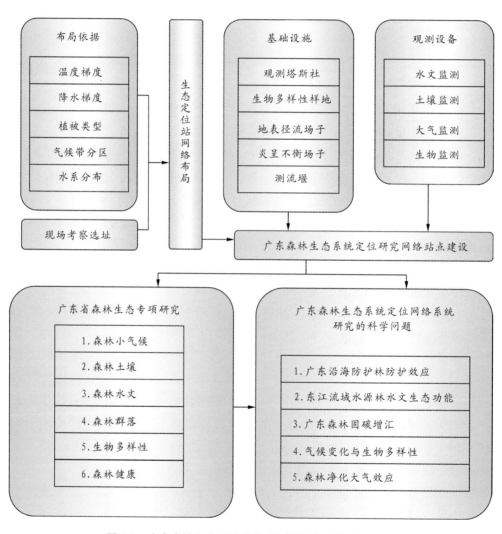

图1-1 广东森林生态系统定位观测网络构建技术路线图

2

广东森林生态观测网络化布局研究

2.1 布局原则

广东省森林生态系统定位研究网络的建设遵循"统筹规划,科学布局;突出重点,分步实施;整合资源,开放共享;统一标准,高效运行;依托项目,带动建设"的原则。

2.2 布局依据

广东省森林生态系统定位研究网络建设中各个长期定位生态观测站的选点按照生态功能的典型性、代表性和科学性,以气候分区、温度梯度、降水梯度、植被类型分区、水系分布为布局依据充分体现区位优势和地域特色。

2.2.1 气候分区

广东省地处中国大陆最南部。东邻福建,北接江西、湖南,西连广西,南临南海。全境位于北纬20°13′~25°31′和东经109°39′~117°19′之间。广东属于东亚季风区,从北向南分别为中亚热带、南亚热带和北热带气候,是全国光、热和水资源最丰富的地区之一。北回归线从南澳–从化–封开一线横贯广东。

广东省森林生态系统定位研究网络在各个气候带均有典型代表站(彩图1)。位于北热带的有沿海东海岛站点、沿海德耀红树林站点;位于南亚热带南区的有西江德庆站、沿海江门站、珠三角中山站、沿海湖东站和沿海汕头站;位于南亚热带北区的有东江源站、东江龙川站、韩江蕉岭站;位于中亚热带的有北江南岭乳阳站和天井山站。

2.2.2 温度梯度

全省平均日照时数为 1745.8 小时、年平均气温 20 ℃以上。日平均气温≥10 ℃的年活动积温在 6500 ℃以上。广东省森林生态系统定位研究网络在各个温度梯度均有典型代表站(彩图 2)。位于 22 ℃等温线以南的有沿海东海岛站点、沿海德耀红树林站点;位于 21～22 ℃之间的有西江德庆站、沿海江门站、珠三角中山站、沿海湖东站和沿海汕头站;位于 20～21 ℃的有东江源站、东江龙川站、韩江蕉岭站;位于 20 ℃以下的有北江南岭乳阳站和天井山站,其中南岭山地的部分地方年平均温度在 19 ℃以下。

2.2.3 降水梯度

广东降水充沛,年平均降水量在 1300～2500 mm,全省平均降水为 1777 mm。降水的空间分布基本上也呈南高北低的趋势。受地形的影响,在有利于水汽抬升形成降水的山地迎风坡有恩平、海丰和清远 3 个多雨中心,年平均降水量均大于 2200 mm;在背风坡的罗定盆地、兴梅盆地和沿海的雷州半岛、潮汕平原少雨区,年平均降水量小于 1400 mm。降水的年内分配不均,4～9 月的汛期降水占全年的 80 %以上;降水年际变化也较大,多雨年降水量为少雨年的 2 倍以上。

广东省森林生态系统定位研究网络在各个降水梯度均有典型代表站(彩图 3)。位于 1400～1600 mm 降水区的有西江德庆站;位于 1600～1800 mm 降水区的有沿海东海岛站点、沿海德耀红树林站点、北江南岭乳阳站和天井山站、韩江蕉岭站;位于 1800～2000 mm 降水区的有沿海汕头站、珠三角中山站、东江源站、东江龙川站;位于 2000～2200 mm 降水区的沿海江门站、沿海湖东站。

2.2.4 植被类型分区

广东省地处热带亚热带过渡地带、水平地带性森林植被类型包括南亚热带季风常绿阔叶林和中亚热带典型常绿阔叶林,垂直地带性森林植被有南亚热带山地常绿阔叶林、南亚热带山地常绿阔叶林矮林、中亚热带山地针阔叶混交林和中亚热带常绿阔叶矮林。此外,还有红树林、竹林、灌丛、草坡和人工栽培植被。

广东省森林生态系统定位研究网络在各个森林植被类型均有典型代表站(彩图 4)。Ⅰ为中亚热带常绿阔叶林区。主要分布于广东省北部,属中亚热带的南部。西起怀集,经英德、龙川、蕉岭至大埔县城东边的闽粤边界以北地区。ⅠA 为粤北丘陵山地常绿阔叶林区,其中北江南岭乳阳和天井山站分布此区;ⅠB 为九连山、顶山丘陵山地常绿阔叶林区,韩江蕉岭站分布此区。Ⅱ为南亚热带季风常绿阔叶林区。主要分布于广东省中南部、即阳江、茂名和廉江一线以北,大埔、蕉岭、龙川、英德、怀集以南地区。ⅡA 为粤西丘陵山地季风常绿阔叶林区,西江德庆站位于此区；ⅡB为粤中丘陵山地季风常绿阔叶林区，东江源站和珠三角中山站位于此区；ⅡC为粤东丘陵山地季风常绿阔叶林区，东江龙川站和沿海汕头站位于此区。Ⅲ为北热带季风常绿阔叶林区。主要分布于广东省西南部，即阳江、茂名和廉江一线以南。位于此区的有沿海东海岛站点、沿海江门站、沿海德耀红树林站。

2.2.5 水系分布

广东省河流众多，集水面积大于 100 km² 的河流共有 345 条，其中大于 1000 km² 的河流 38 条。主要河流有珠江、韩江、榕江、漠阳江和鉴江。除榕江、漠阳江和鉴江独立出海外，其余河流都汇入珠江和韩江后出海。大的流域有西江流域、北江流域、东江流域和韩江流域。珠江水系是北江、东江和西江及其合流的总称。广东省森林生态系统定位研究网络在主要水系均有典型代表站（彩图 5）。位于西江流域的有西江德庆站；位于北江流域的有北江南岭乳阳和天井山站；位于东江流域的有东江源站和东江龙川站；位于韩江的有韩江蕉岭站；位于珠江三角洲的有珠三角中山站；另外有位于沿海一带的沿海汕头站、沿海湖东站、沿海江门站、沿海东海岛站和沿海德耀站。

2.3 选址特点

以气候分区、温度梯度、降水梯度、植被类型分区、水系分布为布局依据，充分考虑典型性、代表性和科学性，充分体现区位优势和地域特色的基础上，进行理论上的布局研究。同时，结合野外实地考察，整合科技资源，将生态站与林业科研基地有机结合，将长期定位观测研究与重大项目研究相结合；结合广东省自然保护区和林场分布与建设；一站多点，每个主站点依托相应的合作单位如自然保护区和林场，整合投入资源，以国家财政支持为主，采取多渠道筹集资金，不断提高生态站建设水平。

2.4 总体分布

广东省森林生态系统定位研究网络观测站点的布局依据统计见表 2-1。以广东省沿海站、南岭站、东江源站、西江站、韩江站、珠三角站为生态网络主站点，其中沿海站、南岭站和东江源站还有相应的辅站点，一站多点，形成了覆盖广东主要森林类型及生态功能区的观测网络体系。

表 2-1　广东省森林生态定位观测网络布局分区

温度梯度 （℃）	降水梯度 （mm）	水系分布	气候区	森林类型	站名	位置
21～22	1800～2000	广东沿海	南亚热带南区	粤东丘陵山地季风常绿阔叶林区		汕头（主站）
21～22	2000～2200	广东沿海	南亚热带南区	北热带季风常绿阔叶林区		汕尾湖东（辅站）
>22	1600～1800	广东沿海	北热带	北热带季风常绿阔叶林区	沿海站	湛江东海岛（辅站）
21～22	2000～2200	广东沿海	南亚热带南区	北热带季风常绿阔叶林区		江门（辅站）
>22	1600～1800	广东沿海	北热带	北热带季风常绿阔叶林区		湛江德耀（辅站）
<20	1800～2000	北江流域	中亚热带	丘陵山地常绿阔叶林区		乳阳（主站）
<20	1800～2000	北江流域	中亚热带	丘陵山地常绿阔叶林区	南岭站	天井山（辅站）
20～21	1600～1800	东江流域	南亚热带北区	粤中丘陵山地季风常绿阔叶林区		新丰江（主站）
20～21	1600～1800	东江流域	南亚热带北区	粤东丘陵山地季风常绿阔叶林区	东江源站	龙川（辅站）
21～22	1400～1600	西江流域	南亚热带南区	粤西丘陵山地季风常绿阔叶林区	西江站	德庆
20～21	1600～1800	韩江流域	南亚热带北区	丘陵山地常绿阔叶林区	韩江站	蕉岭
21～22	1800～2000	珠江三角洲	南亚热带南区	粤中丘陵山地季风常绿阔叶林区	珠三角站	中山

广东森林生态专项定位研究

3.1 森林小气候

3.1.1 观测方法

由于森林气象要素存在着空间分布的不均匀性和时间变化上的脉动性，因此气象观测需要兼顾具有代表性、准确性、比较性。代表性：观测记录不仅要反映测点的气象状况，而且要反映测点周围一定范围内的平均气象状况。在林内外气象观测选择观测点和仪器性能时充分满足记录的代表性要求。准确性：观测记录要真实地反映实际气象状况。森林气象观测使用的气象观测仪器性能和制定的观测方法充分满足了气象观测规范规定的准确度要求。比较性：不同地方的地面气象观测站在同一时间观测的同一气象要素值，或同一个气象站在不同时间观测的同一气象要素值能进行比较，从而能分别表示出气象要素的地区分布特征和随时间的变化特点。森林气象观测在观测时间、观测仪器方面进行了统一校准和设置，观测方法和数据处理等方面保持了高度统一。

主站点和分（辅）站点森林小气候观测方法分为对照观测和梯度观测。在生态站每个森林类型观测点统一设计林内林外小气候对照观测；每个主站点在重点观测森林类型内设计了林内小气候因子的不同高度垂直梯度分层观测系统；在沿海站防护林带设计了从海岸线到纵深不同距离上的水平梯度小气候观测系统。小气候观测系统根据需要及林业标准规定选择自动观测传感器、数据采集器和无线传输控制模块组成自动记录单元，统一设计数据采样频率和记录频率，所记录数据暂存于采集器内存或附加存储卡，定期在观测点人工下载或利用无线传输控制模块进行远程控制下载，完成自动观测的项目显示定点定时观测数据，发现有缺失或异常时及时按统一的方法进行处理。对自动记录气象站传感器及系统附属实施定期保养维护制度，无线传输控制模块可以远程实时监测数据来判断系统运行状况，用以判断野外设备运转是否正常，是否需要维护保养。

3.1.2 观测指标及观测设备

气象观测指标根据森林生态站长期定位观测的要求和专题研究的目的，以《森林生态系统定位观测指标体系（LY/T 1606 – 2003）》等系列林业标准为依据，观测设备配置见表3-1。

表 3-1 气象指标及设备

指标类别	观测指标	观测设备	单位	观测频度	记录频度
天气现象	气压		Pa		
风	风速		m/s		
	风向				
空气温度	最低温度		℃		
	最高温度		℃		
	定时温度	HOBO Campbell 小气象站	℃	10 min	30min
土壤温度	5/20/30cm 深度地温		℃		
空气湿度	相对湿度		%		
辐射	总辐射量		J/m²		
	净辐射量				
	分光辐射				
大气降水	降水总量		mm	连续观测	连续观测
	降水强度				

3.1.3 观测结果

在西江中上游德庆生态站，选择空旷地与生态公益林地为研究对象，通过比较生态公益林与空旷地气象因子的差异，分析生态公益林小气候效应。于2006年8月至2007年8月进行气象因子的动态观测，主要观测的气象因子有空气温度（T_a）、空气相对湿度（RH）和太阳辐射强度（Q_a）等，数据采集器每10分钟采集1次，分析2006年8月至2007年8月月变化过程。同时取2006年8月20～24日和2007年5月6～9日典型晴天气象数据，分析气象因子的日变化过程。

3.1.3.1 气温

(1)气温日变化

2006年8月和2007年5月典型晴天，空旷地温度白天日变化过程呈单峰曲线（图3-1），且最大值出现在14：00～15：00之间，空旷地气温分别为32.9 ℃和30.5 ℃；林内气温日变化过程呈单峰曲线，且最大值出现在13：00～14：00之间，林内气温分别为28.3 ℃和26.7 ℃；空旷地与林地最低温度出现在凌晨5：00左右，2006年8月与2007年5月空旷地最低温度分别为22.0 ℃和16.9 ℃，林内最低温度分别为22.4 ℃和17.9 ℃，空旷地平均日较差分别为10.9 ℃（2006年8月）和13.6 ℃（2007年5月），而林内平均日较差分别为5.9 ℃（2006年8月）和8.8 ℃

（2007年5月），空旷地温度日较差大于林内，说明空旷地温度受太阳辐射影响比林内大。

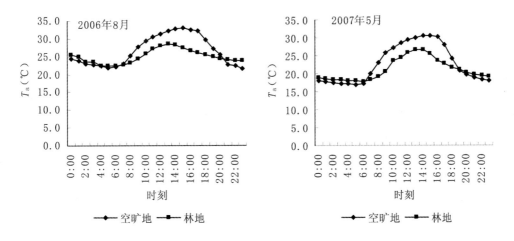

图3-1 空旷地与林内气温比较

从凌晨0：00~6：00，林内温度大于空旷地温度，温差平均值为0.7 ℃（2006年8月）和0.9 ℃（2007年5月），7：00~20：00，空旷地温度大于林内温度，温差平均值为3.5 ℃（2006年8月）和3.7 ℃（2007年5月），21：00~23：00，林内空气温度大于空旷地温度，温差平均值为1.6 ℃（2006年8月）和0.9 ℃（2007年5月）。空旷地气温大于林内温度，平均值分别为1.7 ℃和1.6 ℃。

（2）气温月变化

从图3-2可以看出，林内外月平均气温相差不大，这主要是由于森林的日间降温作用和夜间的保温作用相互抵消，使得月平均值的差异没有日变化过程那样明

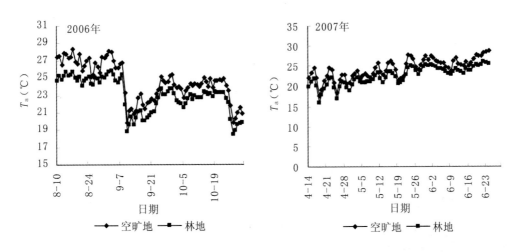

图3-2 2006年和2007年空旷地与林内气温月变化比较

显。从 2006 年 8 月 10 日至 10 月 31 日(以下简称 2006 年测定月)和 2007 年 4 月 14 日至 6 月 24 日(以下简称 2007 年测定月)这 2 个测定月内,空旷地平均温度分别为 24.6 ℃和 24.4 ℃,而林内平均温度分别为 23 ℃和 22.5 ℃,空旷地温度高于林内温度,其中,2006 年测定月空旷地温度比林内温度高 1.6 ℃,2007 年测定月空旷地温度比林内温度高 1.9 ℃,且空旷地温度变化趋势与林内温度变化趋势基本一致。

3.1.3.2 空气相对湿度

(1)空气相对湿度日变化

2006 年 8 月和 2007 年 5 月典型晴天,空旷地和林内空气相对湿度的日变化曲线基本与气温的日变化曲线反向对应,相对湿度的日变化均呈"U"形变化(图 3-3)。空旷地相对湿度最小值、最大值出现时刻均与气温最大值、最小值的出现时间相对应,最小值出现在 14:00~15:00,分别为 54.3 %和 36.8 %;林内相对湿度最小值出现在 13:00~14:00,分别为 77.3 %和 49.2 %。空旷地相对湿度的最大值出现在凌晨 5:00 左右,2006 年 8 月和 2007 年 5 月空旷地相对湿度分别为 97.1%和 97.5%;而林地相对湿度最大值出现在早上 8:00 左右,林内相对湿度分别为 97.0%和 92.0 %。从凌晨 0:00~6:00,林内相对湿度低于空旷地,而 7:00~19:00,林内相对湿度高于空旷地,到 20:00~23:00,林内相对湿度低于空旷地。2006 年 8 月和 2007 年 5 月典型晴天,林内每日相对湿度高于空旷地每日相对湿度,平均值分别为 8.3%和 2.2%。

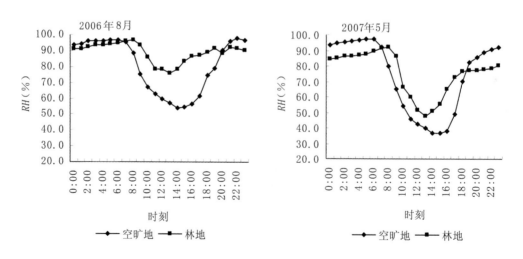

图 3-3 空旷地与林地空气相对湿度日变化

从图 3-4 可以看出,2006 年测定月和 2007 年测定月,空旷地平均相对湿度分别为 84.5 %和 84.4 %,而林内平均相对湿度分别为 92.6 %和 88.6 %。空旷地相对湿度低于林内相对湿度,其中,2006 年测定月空旷地相对湿度比林内相对湿度低 8.14 %;2007 年测定月空旷地相对湿度比林内相对湿度低 4.12 %。这主要是由于高大的乔木和体量较小的灌木以及草本在垂直方向上形成 3 个层次,这样的复层结构,使林内郁闭度高,不利于林内水分蒸发,从而使得林内相对湿度较大,而空旷地由于受到外界环境因子影响大,不利于保湿,可见生态公益林具有明显的保湿作用。空旷地相对湿度变化趋势与林内相对湿度变化趋势基本一致。

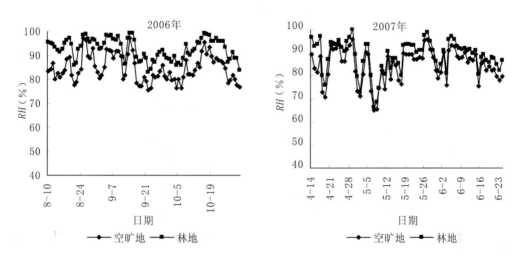

图 3-4 **2006 年和 2007 年空旷地与林地空气相对湿度月变化比较**

3.1.3.3 太阳辐射

（1）太阳辐射日变化

光照强度是影响植物生长、存活和分布的重要生态因子。从图 3-5 可以看出,2006 年 8 月和 2007 年 5 月空旷地太阳辐射日变化为单峰型,12:00 左右达到最大值,分别为 741.3 W/m^2 和 765.3 W/m^2；林内太阳辐射日变化呈单峰型,14:00 左右达到最大值,分别为 56.4 W/m^2 和 91.5 W/m^2,林内太阳辐射的最大值出现时间比

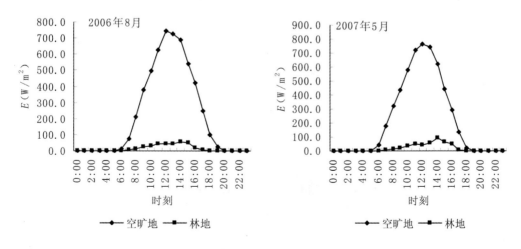

图 3-5 **空旷地与林地空气太阳辐射日变化**

空旷地延迟2 h左右。2006年8月和2007年5月空旷地白天太阳辐射平均值分别为403.9 W/m²和406.6 W/m²，而林内白天太阳辐射平均值分别为25.9 W/m²和34.1 W/m²。2006年8月和2007年5月典型晴天平均透射率分别为5.9 %和7.7 %，其中，在14:00～15:00时，透射率达到最大值，分别为8.5 %和14.5 %，在此时段内，太阳辐射穿透林冠层进入林内辐射值最大。

（2）太阳辐射月变化

从图3-6可以看出，林内外太阳辐射差异很大，而林外太阳辐射的日平均值波动幅度高于林内。2006年8月10至10月31日，空旷地平均太阳辐射值为155.1 W/m²，而林内平均太阳辐射值为12.3 W/m²，空旷地太阳辐射是林内太阳辐射的13.3倍；2007年4月14日至6月24日，空旷地平均太阳辐射值为134.7 W/m²，而林内平均太阳辐射值为12.0 W/m²，空旷地太阳辐射是林内太阳辐射的12.1倍，这主要是由于乔木和灌木以及草本在水平及垂直方向上形成3层的复层结构，郁闭度增高，使太阳辐射的穿透能力减弱，从而使得林内太阳辐射强度减小。2006年8月10日至10月31日，不同天气条件下的森林平均投射率为7.73 %，而2007年4月14日至6月24日不同天气条件下的森林平均投射率为8.56 %，同时空旷地太阳辐射变化趋势与林内太阳辐射变化趋势基本一致。

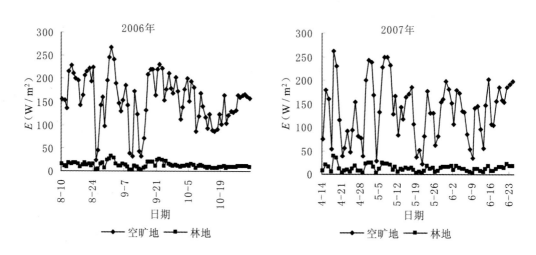

图3-6　2006年和2007年空旷地与林地太阳辐射月变化比较

3.1.3.4　降水

在东江流域龙川站，以2004～2008年月降水量为例，2004～2008年降水月平均观测数据（图3-7），1～2月的降雨量很少，占全年降水量的5.0 %左右；3月降雨量增加，3～9月是主要的降水积累月，这7个月的降水量大都超过年降水量的88.3 %以上；同年10月雨季基本结束，10～12月以后降水量急剧下降，占全年降水量的6.7 %左右。

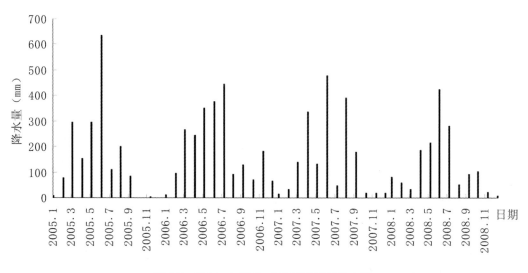

图 3-7 2004～2008 年龙川试验区月降水量

3.1.3.5 风速风向

在广东沿海生态站，图 3-8 是 2009 年 7 月至 2010 年 7 月防护林不同位置的年平均风速和最大风速，图中 B 代表靠海方向林带前边 T1 塔测定风速，A 代表林带内垂直梯度塔（20m 高）在林冠上方处测定风速，1H、5H、10H、20H 分别是距离防护林带 1 倍、5 倍、10 倍、20 倍树高地距离。在为期 1 年的测定期间，区域最大风速在受海陆风影响最大的林带前达到 19.67 m/s，其次是林带后 5H、10H 和 20H 处，

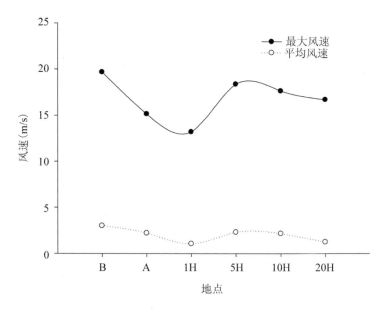

图 3-8 防护林不同防护距离最大和平均风速的变化

分别为 18.37 m/s，17.7 m/s 和 16.7 m/s，最大风速在林带冠层上方减弱为 15.1 m/s，林带后 1H 处降低到 13.17 m/s。

林带靠海前年平均风速为 3.0 m/s，是年均风速最高的位置。林带后 1H 处年平均风速为 1.0 m/s，是年均风速最低的位置，林带林冠层上方平均风速与林带后 5 H 和 10 H 处风速近相等，分别为 2.2 m/s、2.3 m/s、2.15 m/s，随着向陆地方向的距离增加而减小，林带后 20H 处平均风速降为 1.3 m/s。

观测点周年风向变化数据表明，湛江东海岛防护林带不同位置风向频率分布有一定的差异；林带前沿，林冠上方，林后 1 倍、5 倍、10 倍、20 倍距离处 6 个点的测定数据显示此区域主要的风主要是海陆风组成。

3.1.3.6 森林小气候效应

对广东省德庆县三叉顶自然保护区的生态公益林气温、相对湿度和太阳辐射进行了定位观测，以空旷地为对照，分析生态公益林的小气候效应。结果表明，在 2006 年 8 月和 2007 年 5 月典型晴天，生态公益林林地气温平均比空旷地气温分别低 1.7℃和 1.6℃，林地相对湿度平均比空旷地相对湿度分别高 8.3% 和 2.2%，2006 年 8 月和 2007 年 5 月典型晴天森林平均透射率分别为 5.9% 和 7.7%；通过分析空旷地与林内气温、相对湿度和太阳辐射，其相关性极显著，相关系数分别为 0.979、0.879 和 0.889。

3.2 森林土壤

3.2.1 观测方法

在区域代表性主站点和辅站点典型林分类型设置土壤理化性质对照观测取样点，在取样点对土壤分层取样，带回实验室进行理化性质测定。

3.2.2 观测指标和观测设备

气象观测指标根据森林生态站长期定位观测的要求和专题研究的目的，以《森林生态系统定位观测指标体系（LY/T 1606 - 2003）》等系列林业标准为依据，具体见表3-2。

表 3-2　森林土壤观测指标

指标类别	观测指标	单位	观测频度
森林枯落物	厚度	mm	每年 1 次
	干重	g/cm³	每年 1 次
土壤物理性质	土壤容重（土壤密度）	g/cm³	每 5 年 1 次
	土壤孔隙度	%	每 5 年 1 次

（续）

指标类别	观测指标	单位	观测频度
土壤化学性质	土壤 pH 值		每年 1 次
	土壤有机质	%	每年 1 次
	土壤全氮	%	每年 1 次
	水解氮	mg/kg	每年 1 次
	土壤全磷	%	每年 1 次
	有效磷	mg/kg	每年 1 次
	土壤全钾	%	每年 1 次
	速效钾	mg/kg	每年 1 次
	土壤水溶性盐	%，mg/kg	每年 1 次

3.2.3 观测结果

3.2.3.1 凋落物量及分解率

通过对池杉林网凋落量及凋落物干质量损失率的测定表明，珠江三角洲池杉林网 8 年生池杉年凋落量达 3586.70 kg/hm²，月凋落量具有明显的季节变化规律，凋落过程呈现出双峰的 W 形变化，一年中出现 2 个高峰（图 3-9），第 1 个高峰期出现于冬季的 12 月和翌年 1 月，其凋落量占年凋落总量的 43.9~45.8 %；另一个高峰期出现在夏季的 6~9 月，其凋落量占年凋落总量的 32.0~45.8 %。10 年生池杉凋落物干物质年失重率达 57.48 %，年分解速率为 1.0706，理论分解期（残留 1 %）为 4.477 年。凋落物中 N、P、K、Ca、Mg、Na、Cl 7 种元素的分解释放率的高峰期也有差异（图 3-10），分别为：Na、Cl 元素，0~90 d；Mg，90~180 d；N、P、K、Ca，均是 180~270 d。年释放率大小顺序为 Mg（98.79%）> Cl（98.20%）> K（92.68%）> Na（88.44%）> P（73.91%）> Ca（62.52%）> N（56.67%）。

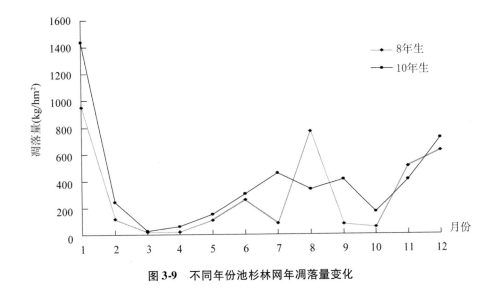

图 3-9 不同年份池杉林网年凋落量变化

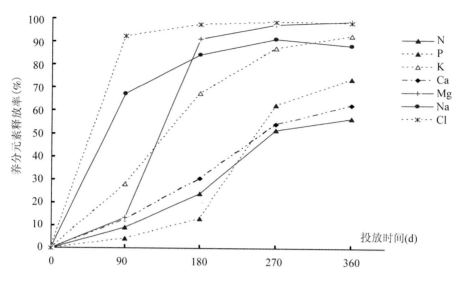

图 3-10   凋落物养分元素释放率的变化趋势

3.2.3.2   枯落物蓄积量

对东江中上游不同森林植被类型枯落物蓄积量的调查表明（表 3-3），枯落物蓄积量：针阔混交林（12.13 t/hm²）>杉木林（12.01 t/hm²）>阔叶林（8.71 t/hm²）>马尾松林（4.78 t/hm²）>灌草地（4.76 t/hm²），这主要是由于针阔混交林中阔叶枯落物生产量大，加之针叶林枯落物分解较慢，故其现储量较大，阔叶林下枯落物年生产量大，但由于较易分解而积累量较少，马尾松林和灌草林树种组成单一，枯落物成分单一，枯落物生产量低。不同林分枯落物未分解层和半分解层蓄积量所占比例有所不同，阔叶林未分解层蓄积量占其总蓄积量的百分比最小为 24.11 %，马尾松所占比例最大为 59.00 %，而针阔混交林、杉木林和灌草地所占比例介于它们两者之间；阔叶林、针阔混交林和杉木林半分解枯落物蓄积量大于其未分解枯落物蓄积量，一定程度增加了阔叶林、针阔混交林和杉木林地土壤有机质的含量，而马尾松和灌草地未分解枯落物蓄积量高于其半分解枯落物蓄积量。

表 3-3   主要森林植被类型枯落物储蓄量

植被类型	枯落物储蓄量(t/hm²)			未分解	半分解
	未分解	半分解	总量	所占比例（%）	所占比例（%）
阔叶林	2.10	6.61	8.71	24.11	75.89
针阔混交林	3.51	8.62	12.13	28.94	71.06
杉木林	4.60	7.41	12.01	38.30	61.70
马尾松林	2.82	1.96	4.78	59.00	41.00
灌草地	2.65	2.11	4.76	55.67	44.33

3.2.3.3 土壤容重与孔隙度

在东江流域龙川站，针对东江流域主要森林植被类型，开展了土壤容重和孔隙度的定位观测，详见表3-4。结果表明，5种林分类型土壤容重的总体变化较大，具体表现为灌草林的土壤容重最大，为1.37 g/cm³，马尾松林、阔叶林和杉木林次之，分别为1.33 g/cm³，1.28 g/cm³和1.21 g/cm³，针阔混交林的最小，为1.19 g/cm³。

表3-4 典型森林群落林地土壤物理性质

林地类型	土壤层次	土壤容重 (g/cm³)	孔隙度（%）		
			总孔隙	毛管	非毛管
阔叶林	0~25	1.08	51.29	48.96	2.33
	25~50	1.32	51.46	48.25	3.21
	50~75	1.34	47.13	44.18	2.95
	75~100	1.37	47.66	45.01	2.65
	平均	1.28	49.39	46.60	2.79
针阔混交林	0~25	1.02	51.63	41.01	10.62
	25~50	1.26	49.05	44.58	4.47
	50~75	1.24	49.36	44.54	4.82
	75~100	1.22	51.75	47.14	4.61
	平均	1.19	50.45	44.32	6.13
杉木林	0~25	1.11	54.68	46.18	8.50
	25~50	1.19	52.81	48.02	4.80
	50~75	1.34	47.26	44.28	2.97
	75~100	1.18	52.08	48.73	3.35
	平均	1.21	51.71	46.80	4.91
马尾松林	0~25	1.30	47.56	42.74	4.83
	25~50	1.34	47.94	45.21	2.73
	50~75	1.34	46.29	44.34	1.95
	75~100	1.33	46.82	43.74	3.08
	平均	1.33	47.15	44.01	3.15
灌草林	0~25	1.19	52.48	31.66	20.82
	25~50	1.19	49.59	32.73	16.86
	50~75	1.43	46.79	34.86	11.93
	75~100	1.66	38.78	34.77	4.02
	平均	1.37	46.91	33.51	13.41

5种森林类型林地土壤总孔隙度的变化趋势为：杉木林＞针阔混交林＞阔叶林＞马尾松林＞灌草林，不同林分平均总孔隙度变化范围在46.91~51.71%，相差

不超过5%，不同林分表土层总孔隙度最大，除马尾松林分表土层外，均在51%以上，这于林地表层枯落物分解腐烂后，增加了腐殖质的含量，有利于表层土壤团粒结构的形成有关；非毛管孔隙度的变化趋势为：灌草林＞针阔混交林＞杉木林＞马尾松林＞阔叶林，不同林分平均非毛管孔隙度变化范围在2.79～13.41%，远远低于总孔隙度；毛管孔隙度的变化趋势为：杉木林＞阔叶林＞针阔混交林＞马尾松林＞灌草林，不同林分平均毛管孔隙度变化范围在33.51～46.80%。

3.2.3.3　土壤pH值

在湛江东海岛木麻黄沿海防护林18年林龄和34年林龄的林地内及前沿距林带10 m的无林地海滩各随机选取三个点分0～10 cm，10～20 cm，20～30 cm取土壤样品进行土壤酸碱度测定，结果见图3-11。

测定结果显示无林地海滩土壤显微碱性，pH值为7.6，木麻黄沿海防护林有林地土壤为微酸性，34年林龄林地和19年林龄林地随着离海岸线距离的增加土壤逐渐由碱性变为微酸性，pH值分别为6.2和5.8。方差分析和LSD多重比较结果显示木麻黄沿海防护林林带前沿距林带10m的无林地海滩土壤、19年林龄和34年林龄的林地土壤pH值差异显著。

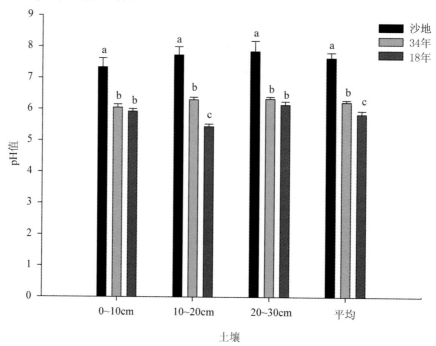

图 3-11　湛江东海岛海滩沙地、34年、18年林龄木麻黄沿海防护林土壤不同层次及平均pH值变化

3.2.3.4　土壤有机质

在湛江东海岛木麻黄沿海防护林18年林龄和34年林龄的林地内及前沿距林带10 m的无林地海滩各随机选取三个点分0～10 cm，10～20 cm，20～30 cm取土壤样品进行有机质含量测定，结果见图3-12。

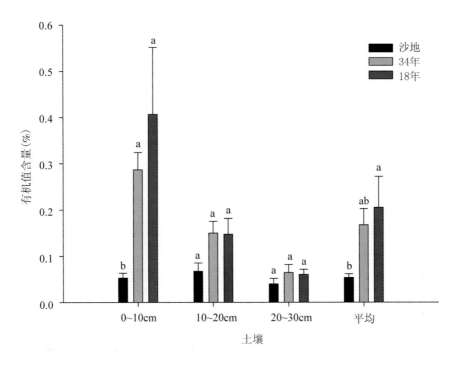

图 3-12 湛江东海岛海滩沙地、34 年、18 年林龄木麻黄沿海防护林不同层次
及平均土壤有机质含量变化

无林地海滩土壤有机质含量非常低，是0.05%，而34年林龄林地和19年林龄
林地虽然高于无林地海滩但还是比较低，分别为0.16%和0.2%。方差分析和LSD
多重比较结果显示木麻黄沿海防护林林带前沿距林带10 m的无林地海滩土壤和19
年林龄的林地土壤有机质值差异显著，34年林龄林地和海滩土壤及19年林龄和34
年林龄土壤有机质差异不显著，主要是因为34年林龄林地土壤有机质由于样地异
质性，测定值变异比较大。

3.2.3.5 土壤营养元素

珠江三角洲8年生池杉林网生物量85.177 t/hm²；各器官生物量排序是：树干
>树根>树枝>树叶，8年生池杉林网中N、P、K、Ca、Mg、Na、Cl等7种元素的
贮量分别为 352.84kg/hm²、62.96kg/hm²、116.23kg/hm²、333.16kg/hm²、47.51
kg/hm²、110.45kg/hm²、127.67 kg/hm²，池杉各器官中以树干的贮量最大，土壤层
0~40 cm中7种元素的贮量分别为555.91kg/hm²、54.64kg/hm²、586.72kg/hm²、
11629.04kg/hm²、9943.50kg/hm²、655.03kg/hm²、934.91 kg/hm²，以Ca、Mg、Cl
的贮量为较高；凋落物中7种元素的年归还量分别为38.70kg/hm²、4.95kg/hm²、
22.49kg/hm²、38.05kg/hm²、29.63kg/hm²、10.51kg/hm²、39.78kg/hm²，年释放
率分别为56.67 %、73.91 %、92.68 %、62.52 %、98.79 %、88.44 %、98.20

%，释放量分别为 21.91kg/hm²、3.65kg/hm²、20.82kg/hm²、23.79kg/hm²、29.26kg/hm²、9.32kg/hm²、39.08kg/hm²。

广州南沙万顷沙十八围西围垦造林地实验表明（表 3-5），试验林地土壤 pH 值为 8.04，呈弱碱性。土壤有机质含量 22.48 g/kg，与广州南沙典型林地土壤有机质含量 14.10 g/kg（许松葵等，2006）相比，试验林土壤有机质含量明显高于南沙典型林地土壤，同时原造林的土壤有机质含量要高于新造林地土壤有机质含量。

表 3-5　试验林土壤化学性质

采样点		pH 值	有机质（g/kg）	全氮（g/kg）	全磷（g/kg）	全钾（g/kg）	交换性钾（mg/kg）	交换性钠（mg/kg）	交换性钙（mg/kg）	交换性镁（mg/kg）
已造林地	1	8.16	23.98	1.21	0.83	22.90	239.68	558.78	5162.5	726.98
	2	8.16	24.20	1.19	0.83	22.84	239.75	554.70	5116.9	733.05
	3	8.16	24.26	1.20	0.83	22.87	241.08	556.20	5154.6	733.68
	4	8.19	22.86	1.07	0.74	22.01	240.65	499.63	4551.9	692.45
	5	8.19	22.54	1.14	0.74	22.17	240.43	495.18	4547.0	691.28
	6	8.19	22.72	1.14	0.75	22.13	241.95	502.80	4557.2	691.45
新造林地	7	8.15	21.59	1.09	0.75	21.89	225.10	394.78	5500.8	680.90
	8	8.15	21.80	1.11	0.75	21.85	224.45	389.18	5482.0	679.30
	9	8.15	21.88	1.11	0.75	21.86	220.90	395.95	5474.5	682.35
	10	7.94	21.24	1.02	0.72	21.94	227.43	794.75	5726.4	743.30
	11	7.04	21.27	1.03	0.72	21.99	226.50	794.33	5742.9	743.53
	12	7.94	21.37	1.02	0.72	21.88	225.33	794.98	5709.4	739.48

试验林地土壤全氮、全磷含量分别为 1.11 g/kg 和 0.76 g/kg，分别高于南沙典型林地土壤全氮（0.64 g/kg）和全磷（0.34 g/kg），但全钾的含量为 22.19 g/kg，低于南沙典型林地土壤全钾（37.87 g/kg）的含量。由于试验林地土壤交换性钾、钠、钙和镁离子含量高，尤其是土壤交换性钙含量达到 5227 mg/kg，同时试验地处于珠江口，土壤显弱碱性。

3.3　森林水文

3.3.1　观测方法

森林水文观测主要包括大气降水、冠层截留、地表径流、地下径流和森林蒸散等。以小流域典型森林植被为基本观测对象，在小流域（坡面集水区）的基础上，建设不同的观测单元，包括大气降水观测点、树干径流和穿透降水观测样地、地表径流观测点（测流堰和径流场）、土壤水分观测样地、地下水位观测点等，结合野外定位观测仪器设备，进行森林水文观测。降水观测：在森林上空（或林中空地）和林外

(可以用站区气象站的降水量代替)设置降水量观测点2个做对照观测,利用小气候观测系统自动记录;穿透水观测:在每个森林类型的小集水区或水量平衡场内,安置穿透水收集量测装置1组;树干径流观测:在每个森林类型的小集水区或水量平衡场内,设置树干径流量测装置1组;坡面地表径流观测:在典型的森林植被类型中设置地表径流场1个,同时,至少在某一对照森林类型中设置地表径流场1个;小流域地表径流观测:反映整个站区一般状况并最好能控制全站区的森林流域集水区测流堰1个,典型森林植被类型的小集水区测流堰1个,同时至少有对照森林类型的小集水区测流堰1个。

3.3.2　观测指标与观测设备

观测指标详见表3-6。主要观测仪器设备有:HOBO雨量计、普通雨量器、HOBO水位温度自动记录仪、YSI－6600EDS型环境监测系统等。

3.3.3　观测结果

3.3.3.1　降水量

2006年6月至2007年6月,利用自动雨量监测系统(HOBO)、SDM6A型雨量器对西江流域德庆生态站大气降水进行了测定,从2006年6月至2007年6月共观测100次大气降水事件,降水总量1317.6 mm。降水事件按大小的分布频率(表3-6)中,最高降水频率等级是0～1 mm,达24次;大雨及暴雨(1次降水量30 mm以上)事件较普遍,有14次,其降水量为577.69 mm,占总降水量的43.8%;降水量30～50 mm最多,为363.45 mm,占总降水量的27.6%。

表3-6　森林水文观测指标

指标类别	观测指标	单位	观测频度
水量	林内降水量	mm	连续观测
	林内降水强度	mm/h	连续观测
	穿透水	mm	每次降水时
	树干径流量	mm	每次降水时
	地表径流量	mm	连续观测
	地下水位	m	每月1次
	枯枝落叶层含水量	mm	每月1次
	森林蒸散量[a]	mm	每月1次

（续）

指标类别	观测指标	单位	观测频度
水质[b]	pH 值，钙离子，镁离子，钾离子，钠离子，碳酸根，碳酸氢根，Cl，硫酸根，总磷，硝酸根，总氮	除 pH 值以外，其他均 mg/dm^3	每月 1 次
	微量元素（B，Mn，Mo，Zn，Fe，Cu），重金属元素（Cd，Pb，Ni，Cr，Se，As，Ti）	mg/dm^3	每月 1 次

注：a. 测定森林蒸散量，应采用水量平衡法和能量平衡—波文比法。b. 水质样品应从大气降水、穿透水、树干径流、土壤渗透水、地表径流和地下水中获取。

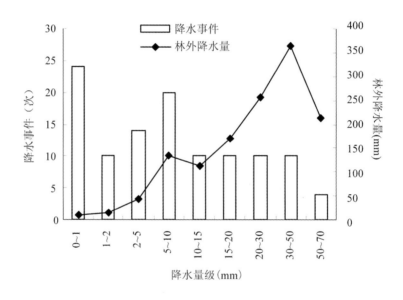

图 3-13　林外降水量级分布图

3.3.3.2　林冠截留量

2006 年 6 月至 2007 年 6 月，利用自动雨量监测系统（HOBO）、SDM6A 型雨量器对西江流域德庆生态站林冠截留量进行了测定（表 3-7 和图 3-14）。林冠总截留量和总截留率分别为 318.37 mm、24.16 %。从降水量和截留量的观测来看，当林外降水量小于 1.2 mm 时，林冠几乎将降水全部截留，截留率达 100%；在 0 ~ 1 和 1 ~ 2 mm 降水量级，截留率均较高，达 68.03 % 以上；在 2 ~ 10 mm 降水量级，随着林外降水量的增大，林冠截留量增加，截留率却迅速降低；在 10 ~ 30 mm 降水量级，随着林外降水量的增大，林冠截留量基本趋于稳定，维持在 35.19 ~ 39.28 mm，而林冠截留率持续降低，林冠截留率从 33.54 % 下降到 15.27 %；在 30 ~ 50 mm 降水量级，林外降水量达到最大值 363.45 mm，林冠截留量也达到最大值 67.97 mm，林冠截留率略有缓慢上升趋势，为 18.70 %；在 50～70 mm 降水量级，林冠截留量和截留率均有下降，分别为 35.72 mm 和 16.67 %。

表 3-7 针阔混交林对各雨量级降水的分配规律

降雨量级 (mm)	测定次数	降水量 (mm)	截留		穿透		茎流	
			截留量 (mm)	截留率 (%)	穿透量 (mm)	穿透率 (%)	茎流量 (mm)	茎流率 (%)
0～1	12	9.8	8.40	85.71	1.4	14.3	0.00	0
1～2	10	14.17	9.64	68.03	4.53	32.0	0.00	0
2～5	14	43.2	25.70	59.49	17.5	40.5	0.00	0
5～10	20	133.11	58.72	44.12	73.11	54.9	1.28	0.96
10～15	10	112.51	37.74	33.54	70.52	62.7	4.25	3.78
15～20	10	169.89	35.19	20.71	125.1	73.6	9.60	5.65
20～30	10	257.23	39.28	15.27	197.5	76.8	20.45	7.95
30～50	10	363.45	67.97	18.70	264.11	72.7	31.37	8.63
50～70	4	214.24	35.72	16.67	157.61	73.6	20.91	9.76
合计	100	1317.60	318.37	24.16	911.38	69.17	87.85	6.67

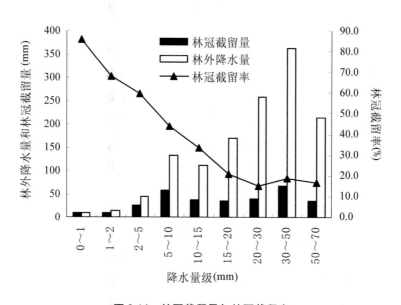

图 3-14 林冠截留量与林冠截留率

3.3.3.3 穿透水量

2006 年 6 月至 2007 年 6 月，利用自动雨量监测系统（HOBO）、SDM6A 型雨量器对西江流域德庆生态站穿透水量进行了测定（表 3-7 和图 3-15）。结果表明，当林外降水量小于 1.26 mm 时，林冠截留了几乎全部降水，没有产生穿透雨，穿透水量和随着林外降水量的增加而增大，在不同降水量级差异显著。

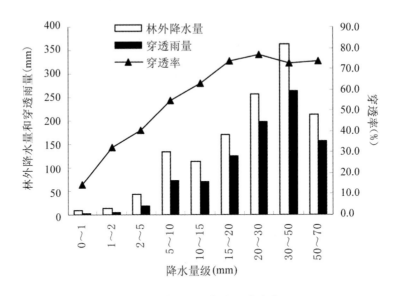

图 3-15　穿透雨量与穿透率变化

随着降水量级的增加，穿透率呈增加的趋势，在 0～1 mm 降水量级时，穿透量和穿透率分别为 1.40 mm、14.30 %；在 1～30 mm 降水量级，穿透率则随着降水量级的增大直线上升，之后渐趋于稳定；在 30～50 mm 降水量级，穿透率略有下降，穿透率为 72.70 %；在 30～70 mm 降水量级，穿透率基本趋于稳定，在 72.70～73.60 % 之间波动。

3.3.3.4　树干茎流量

2006 年 6 月至 2007 年 6 月，利用自动雨量监测系统（HOBO）、SDM6A 型雨量器对西江流域德庆生态站树干茎流量进行了测定（表 3-7 和图 3-16）。对于 100 次降水事件而言，总茎流量为 90.74 mm，总茎流率为 6.89%，茎流量随林外降水量的增加而呈增加趋势。试验区水源林在降水量级达到 5～10 mm，降水量达到 3.0 mm 时才开始有树干茎流出现，随着降水量的增加而缓慢增加，不同径阶的水源林的茎流率在 0.098～10.00 %，均低于 10.00 %，说明只有在树体充分湿润后，树干才会产生茎流。当林外降水量小于 1.26 mm 时，林冠截留了几乎全部降水，没有产生穿透雨，穿透水量随着林外降水量的增加而增大（图 3-16），在不同降水量级差异显著。

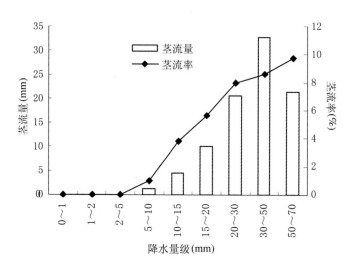

图 3-16 树干茎流量与茎流率示意图

3.3.3.5 枯落物持水量

为了定量评价森林枯落物的水文功能，通过浸水法和野外观测，调查了东江中上游不同森林植被类型枯落物持水能力与过程（表 3-8）。不同森林类型的枯落物最大持水量为 4.89～18.17 t/hm²，最大拦蓄量为 3.34～14.39 t/hm²，有效拦蓄量为 2.60～11.66 t/hm²，均表现为杉木林＞针阔混交林＞阔叶林＞灌草地＞马尾松林。

表 3-8 主要森林植被类型枯落物持水能力

植被类型	枯落物最大持水量 (t/hm²)			枯落物最大持水率 (%)		
	未分解	半分解	重量加权平均	未分解	半分解	重量加权平均
阔叶林	3.07	10.60	13.67	146.21	160.34	156.93
针阔混交林	3.98	12.86	16.84	113.39	149.19	138.83
杉木林	5.87	12.30	18.17	127.61	165.99	151.29
马尾松林	2.65	2.24	4.89	93.97	114.29	102.30
灌草地	3.23	3.09	6.32	121.89	146.45	132.78

3.3.3.6 地表径流量

在东江流域龙川生态站，以针阔混交林、阔叶林和马尾松林类型为研究对象，测定了 12 场降水条件下针阔混交林、阔叶林和马尾松林的地表径流量，结果见表 3-9。

针阔混交林地平均地表径流量为 2.74 mm，阔叶林地平均地表径流量 1.50 mm，对照退化马尾松林地平均地表径流量为 3.72 mm，对照退化马尾松林地平均地表径流量高于针阔混交林地和阔叶林地平均地表径流量。同时可以看出，在暴雨条件

25

下，马尾松地表径流量最大，减缓洪水能力最差；常绿阔叶林地表径流量最小，具有明显拦蓄降水减少径流的作用；在消减洪峰功能方面，阔叶林 > 针阔混交林 > 马尾松林；阔叶林、针阔混交林和马尾松林地表径流系数分别为6.77%、3.82%和9.18%。

表3-9   不同植被类型林地地表产流特征

场次	降水量（mm）	降水强度（mm/h）	地表径流量（mm）			地表径流系数（%）		
			针阔混交林	阔叶林	马尾松	针阔混交林	阔叶林	马尾松
1	5.60	0.35	0.11	0.08	0.15	1.96	1.43	2.68
2	7.20	0.53	0.40	0.24	0.62	5.56	3.33	8.61
3	13.90	0.68	0.89	0.57	1.60	6.40	4.10	11.51
4	19.60	1.11	1.04	0.80	0.65	5.31	4.08	3.32
5	23.80	1.34	2.08	0.83	1.02	8.74	3.49	4.29
6	25.40	1.52	2.00	0.93	3.12	7.87	3.66	12.28
7	28.20	1.45	2.30	1.48	4.20	8.16	5.25	14.89
8	43.20	2.38	3.85	1.90	5.70	8.91	4.40	13.19
9	48.60	3.76	2.30	1.98	3.90	4.73	4.07	8.02
10	55.40	3.20	2.52	1.56	4.47	4.55	2.82	8.07
11	67.80	3.98	5.60	2.18	5.96	8.26	3.22	8.79
12	90.80	9.78	9.77	5.46	13.15	10.76	6.01	14.48

3.3.3.7 森林水质

水源涵养林地表径流水质研究选择了东江中上游4种典型的水源涵养林，杉木林、马尾松林、针阔混交林和阔叶林，并选择农田作为对照，采用美国YSI公司生产的YSI-6600EDS型环境监测系统，于2009年7～9月，分别对杉木林、马尾松林、针阔混交林、阔叶林及农田地表径流水水质进行了测定，结果见表3-10。以2009年8月观测数据进行说明。

pH值：不同林分地表径流pH值介于7～8，呈中性；溶解性总固体（TDS）：不同林分地表径流水溶解性总固体与不同林分林内降水溶解性总固体相比降低，在0.046～0.070 g/L，均值为0.058 g/L，不同林分地表水溶解性总固体依次为马尾松林（0.070 g/L）>针阔混交林（0.062 g/L）>阔叶林（0.053 g/L）>杉木林（0.046 g/L），均低于农田地表水溶解性总固体物质含量；混浊度（Turbidity）：不同林分内地表径流水浊度表现为马尾松林（3.21 NTU）>针阔混交林（2.06 NTU）>阔叶林（1.34 NTU）>杉木林（1.02 NTU），均高于农田（9.34 NTU）。

表 3-10　2009 年 7 月 ~ 9 月林地与农田地表水水质月平均值

指标		气温 (℃)	电导率 (ms/cm)	溶解氧 (mg/L)	pH 值	浊度 NTU	叶绿素含量 (μg/L)	盐度 (mL/m³)	总溶解固 体物质 (g/L)
7 月	杉木	26.3	0.091	9.89	7.61	1.54	2.50	0.03	0.063
	马尾松	26.5	0.096	9.32	7.54	4.32	2.78	0.06	0.075
	针阔混交林	26.1	0.069	9.47	7.46	2.75	2.25	0.05	0.052
	阔叶林	26.0	0.061	9.05	7.73	1.60	1.43	0.04	0.043
	农田	27.2	0.124	6.82	7.92	12.01	5.10	0.08	0.090
8 月	杉木	27.2	0.080	8.01	7.03	1.02	2.02	0.04	0.046
	马尾松	27.8	0.082	8.22	7.12	3.21	2.42	0.05	0.070
	针阔混交林	27.0	0.073	8.45	7.10	2.06	1.95	0.04	0.062
	阔叶林	27.1	0.070	8.69	7.54	1.34	1.21	0.03	0.053
	农田	28.5	0.104	5.12	7.65	9.34	5.34	0.06	0.109
9 月	杉木	25.7	0.098	6.04	7.63	1.68	3.21	0.09	0.078
	马尾松	25.9	0.099	6.38	7.91	5.21	3.65	0.08	0.084
	针阔混交林	25.8	0.084	6.65	7.78	3.70	3.06	0.07	0.064
	阔叶林	25.3	0.090	8.35	7.62	2.32	1.65	0.06	0.061
	农田	27.1	0.134	4.92	7.95	13.53	6.24	0.10	0.116

3.4　森林群落

3.4.1　观测方法

森林群落结构观测使用样方法调查，其中郁闭度用目测估测法，乔木生物量用解析木法结合生长回归模型法计算，灌木和草本生物量用临时样地替代样方法，凋落物现存量在临时替代草本样方中取地上凋落物，凋落物年产量用 1m × 1m 的凋落物框在固定样方中观测。森林植物化学分析指标和分析方法参照森林生态系统定位研究观测指标标准及实验室分析标准执行。森林生物多样性观测结合森林群落观测建立的固定样方和临时样方开展调查。

3.4.2　观测指标与观测设备

森林群落特征指标如表 3-11 所示。

固定样地的建立：按照不同森林群落类型的最小取样面积（表现面积）确定固定样地大小（一般为 0.1 ~ 1.0 hm²），采用罗盘仪、测绳或皮尺设置固定样地为正方形或长方形，临时样地用同样的方法设置。每种森林类型设置 3 个，四角埋设条石或 PC 管标记、周边绳圈。用 GPS 确定样地地理位置、海拔高度；破坏性调查不能在该固定样地内进行，在设置的临时样地中进行。

表 3-11　森林群落观测指标

指标类别	观测指标	单位	观测频度
森林群落结构	群落的年龄	a	5 年 1 次
	群落的平均树高	m	每年 1 次
	群落的平均胸径	cm	每年 1 次
	群落的密度	株/m²	每年 1 次
	群落的树种		每年 1 次
	群落的郁闭度		每年 1 次
	叶面积指数	m²/m²	每年 1 次
	林下盖度		每年 1 次
群落的生物量	乔木解析木(干、枝、叶、根)、灌木样方生物量、草本样方生物量	kg /hm²	5 年 1 次
群落的凋落物量	凋落物现存量	kg /hm²	5 年 1 次
	年凋落物量	kg /hm²	每年 1 次
森林群落的营养元素	森林植被器官(干、枝、叶、根)营养元素含量	kg /hm²	5 年 1 次
	现存凋落物的营养元素含量	kg /hm²	5 年 1 次

样方的建立：在标准地或固定样地内采用罗盘仪、测绳和钢卷尺设置 20m × 20m 的乔木样方，在每个乔木样方四角及中心设 5m × 5m 的灌木样方 5 个，在每个灌木样方四角及中心设 1 × 1 m 的草本样方 5 个，分别用于乔木层、下木层、草本层调查。

生物多样性观测指标和统计指标如表 3-12 所示，通过观测指标计算统计指标的计算方法如下所示。

表 3-12　定位站森林群落生物多样性观测指标

指标类别	观测指标	单位	观测频度
生物多样性观测指标	乔木物种多度、频度、胸径	个数、%、cm	5 年 1 次
	灌木物种多度、频度、地径	个数、%、cm	5 年 1 次
	草本物种盖度、频度、高度	%、%、m	5 年 1 次
生物多样性统计指标	森林群落物种丰富度(S)	种数	5 年 1 次
	森林群落物种重要值		5 年 1 次
	物种多样性 Shannon – Wiener 指数		5 年 1 次

重要值计算：

重要值 IV(%) =(相对多度 + 相对频度 + 相对优势度)/3 × 100%；

相对多度(%) = 100 × 某物种的株数/所有物种总株数；

相对频度(%) = 100 × 某物种在统计样方中出现的次数/所有物种出现的总次

数；

相对优势度(%) = 100 × 某物种的胸高断面积/所有物种的胸高断面积之和；

灌木相对优势度(%) = 100 × 某物种的地径断面积/所有物种的地径断面积之和；

草本群落用平均高度代替胸高断面积之和，相对盖度代替相对多度；

草本群落重要值 IV(%) = (相对盖度 + 相对频度 + 相对优势度)/3 × 100%；

草本群落相对优势度(%) = 100 × 某物种的平均高度/所有物种的平均高度之和；

物种丰富度(S) = 出现在样地内的物种数；

物种丰富度指数 $d_{GL} = S/\ln A$；

其中：S 为物种数目，A 为样方面积 (Gleason，1992)。

测定群落物种多样性指数即 α 多样性的测度(Magurran，1988)。

Shannon – Wiener 指数：$H' = -\sum_{i=1}^{s} P_i \ln P_i$

其中：P_i 为种 i 的重要值(IV)。

3.4.3 观测结果

3.4.3.1 森林群落类型

广东省从南到北横跨热带、南亚热带和中亚热带。森林类型从南到北依次为：热带雨林/季雨林、南亚热带季风常绿阔叶林、中亚热带典型常绿阔叶林。全省共有 3 个森林植被型组(针叶林、阔叶林和竹林)，细分为 10 个森林植被型。

对东莞大屏障森林公园植被调查的结果表明，大屏障森林公园植物种类多样，植物资源丰富。群落终年常绿，板根现象不明显，但层间植物比较丰富，体现了一定的南亚热带季风常绿阔叶林特征。公园的现状植被可以划分为 5 个类型，8 个亚型。森林可分为次生常绿阔叶林、人工马占相思林、油茶林等 3 个亚型。此外，还有荒草坡、农田植被以及其他类型的植被。

广东蕉岭长潭自然保护区植被调查的结果表明，长潭自然保护区可分为 4 个植被型组、5 个植被型和 10 个群系。以地带性植被常绿阔叶林占优势，其中，中亚热带常绿阔叶林主要分布于海拔 250～600 m，中亚热带山顶常绿阔叶矮林分布于 600～700 m 的山脊和山顶，竹林分布于 220 m 以下及网顶窝；亚热带常绿针叶林、以马尾松为优势的针阔混交林以及禾草草丛和蕨类草丛也有一定的分布，体现出植被也有一定的次生性。

3.4.3.2 群落结构

采用野外样地调查分析的方法研究群落结构。在蕉岭长潭自然保护区的野外调查时，在自然保护区内沿不同方向、不同海拔、不同生境布设了 6 条线路，调查区域内植物，进行森林植物资源分析。选择具有代表性的地段设置样地进行样方调查，对样方内胸径大于 5 cm 的乔木记录每个个体的种名，测定其胸径、树高和群落的覆盖度（郁闭度）等。同时记录样方内的灌木、草本和藤本植物的种类、平均高度（长度）和数量，计算每个样方内植物群落的物种多样性指数和乔木层物种的重要值。按照《中国植被》对植被型（全国共 29 个）的划分，长潭自然保护区具有暖性针叶林（杉木林）、热性针叶林（马尾松林）、温性针阔叶混交林、常绿与落叶阔叶混交林、常绿阔叶林（甜椎林、阿丁枫林等，以及山顶常绿阔叶矮林等）、灌草丛（禾草灌草丛等）、竹林（毛竹林和黄竹林）和人工植被等 8 种类型的植被。表 3-13 显示了群落的郁闭度、乔木平均高等结构特征。其中木荷 + 甜椎群落、阿丁枫群落、马尾松 + 阿丁枫群落的的郁闭度和乔木平均高相对于其他群落的优势较明显。

表 3-13　蕉岭长潭自然保护区植物群落样方调查分析

样方号	调查地点	植被类型	群落名称	郁闭度	乔木平均高（m）
1	杨尾下对面山坡	亚热带针叶林	杉木群落	0.45	5.80
2	鸡公山	亚热带针叶林	桫椤群落	0.40	5.03
3	长潭牙狮嶂	亚热带常绿阔叶林	岩生红豆群落	0.85	7.82
4	畲禾背	亚热带常绿阔叶林	木荷 + 甜椎群落	0.95	12.80
5	下畲禾	亚热带常绿阔叶林	黎蒴群落	0.85	11.12
6	荒田子	亚热带常绿阔叶林	阿丁枫群落	0.95	11.45
7	网顶窝水口	亚热带常绿针阔叶混交林	马尾松 + 阿丁枫群落	0.90	12.73

组成群落的种群各有其独特的分布特征，从而形成了群落的水平结构格局，具体反映在群落的相对密度、相对频度和相对优势度上。本群落各胸径等级的密度并不大。调查中发现小径级乔木的个体密度比较大，胸径 8 cm 以下的乔木占总个体数的 45.5 %，但群落中的优势种明显。由此可见，长潭次生阔叶林以中龄群体为主要组分，群落仍处于由初期向演替中期发育过程。

长潭次生常绿阔叶林群落的垂直结构分化较明显，可划分为乔木层、灌木层和草本层，根据全部样方统计结果，平均每样方的乔木树种达 30 个以上，其中小径级乔木的个体密度较大，胸径 8 cm 以下的乔木占总个体数的 45.5 %，胸径 13 cm 以上的个体数占总个体数的 30.7 %，23.9 % 其余为胸径 8～13 cm 的个体，明显呈现复层林的垂直结构。

3.4.3.3　群落生长量

群落的生长量可以通过解析木法和生物量法进行测定。群落的生物量包括乔木的生物量、灌木样方的生物量和草本样方的生物量。乔木的生物量可以分为地下及地上两部分，以标准地每木调查结果计算出全部树木的平均胸高直径为选择平均木的依据，把最接近于这个平均值的平均木伐倒称重，地下根系用相应的收割法来测定。地下部分是指树根系的生物量（WR）；地上部分主要包括树干生物量（WS）、枝生物量(WB)和叶生物量(WL)。乔木的生物量为以上几部分之和。

解析木伐倒前准确确定根茎位置和实测胸径,并在树干上标明胸高直径的位置和南北方向。每隔 2 m 锯断并取圆盘,同时测定圆盘的带皮直径和去皮直径,进行各段带皮称鲜重,同时留样带回实验室测水分。查定各圆盘上的年轮个数;确定各龄阶树高;绘制树干纵断面图;计算各龄阶材积;计算各龄阶的形数;计算各龄阶的生长量。在一般情况下,应包括胸径、树高和材积的总生长量(连年生长量和平均生长量,并计算材积生长率。绘制各种生长量的生长过程曲线。为了更直观地表示各因子随年龄的变化,可将各种生长量绘成曲线图。图 3-17 显示了用解析木法测定的米椎的胸径、树高和材积随年龄的增长状况。

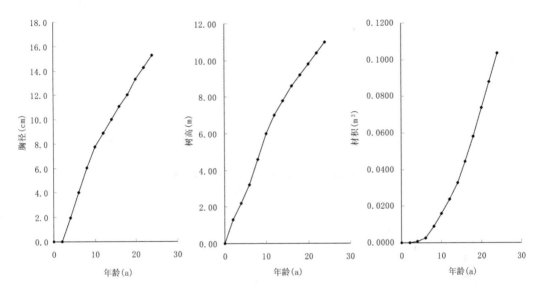

图 3-17　米椎的胸径、年龄、树高的逐年增长量

3.4.3.4　群落生物多样性

在广东长潭自然保护区开展了中亚热带常绿针阔混交林的研究。结果表明此保护区植物群落的 Simpson 多样性指数较高,除黎蒴纯林样方的 0.82 为最低外,其余各类型群落的物种多样性指数均超过 0.90。群落上层以壳斗科、樟科、山茶科等为主,森林植物资源丰富,计有维管束植物 183 科 576 属 1092 种,其中野生维管束植物 175 科 533 属 1005 种;药用植物 539 种、用材树种 135 种、观赏植物种 104、纤维植物 83 种、野生水果 82 种、油脂植物 73 种、饲料植物 45 种、鞣料植物 39 种、野菜植物 30 种、农药植物 30 种。将蕉岭县长潭自然保护区的植被可分为 4 个植被型组、5 个植被型和 10 个群系。以地带性植被常绿阔叶林占优势,中亚热带常绿阔叶林主要分布于海拔 250 ~ 600 m 之间,中亚热带山顶常绿阔叶矮林分布于 600 ~ 700 m 的山脊和山顶,竹林在 220 m 以下及网顶窝;亚热带常绿针叶林、以马尾松

为优势的针阔混交林以及禾草、蕨类草丛也有一些分布，体现出植被也有一定的次生性，有必要加强保护。通过统计样方内物种数和计算生物多样性指数研究了地处南亚热带的广东省鹤山市草坡在从草本优势群落演变为灌木优势群落过程中的植物多样性。草坡恢复早期以草本为优势群落，在一定程度上影响着自身生境条件如土壤水分、养分等的改善，这为其后木本植物的生长创造了适宜的生境条件，有利于群落向灌木优势的结构方向发展，同时能促进群落生物量和植物多样性的提高。但以灌木为优势种的群落的植物多样性、土壤含水量等特征仍处于较低水平。南亚热带退化草坡自然恢复这一过程较为缓慢，应采取适当的人为措施，如通过人工造林恢复乔木层植被，进而增加林下植物多样性，以加速退化草坡的植被恢复（表3-14）。

表 3-14 退化草坡从草本优势向灌木优势演变过程中物种多样性指数变化

群落类型	Shannon – Wiener 指数	Simpson 指数	Pielou 均匀度指数	物种数
草本优势群落木本层	1.750	0.766	0.806	19
草本优势群落草本层	2.476	0.892	0.931	18
草本优势群落	2.491	0.881	0.919	24
灌木优势群落木本层	2.274	0.835	0.862	31
灌木优势群落草本层	2.587	0.891	0.923	23
灌木优势群落	2.631	0.894	0.919	36

注：这里 Shannon – Wiener 指数是用 ln 计算而得；Pielou 均匀度指数即上文中基于 Simpson 指数的均匀性测度指标 E_{Sim}。草本、灌木优势群落的样地大小均为 20 m×20 m。

3.4.3.5 群落更新演替

森林群落发生的过程包括迁移、定居、竞争和反应 4 个阶段。森林群落演替可根据不同原则划分为不同的演替类型。物种多度的频数分布与群落的演替存在一定的关系，因而物种多度格局的动态及其模拟可以用来研究群落的更新演替。研究探讨是否不同演替阶段群落适合不同的种多度模型，是否存在一个最佳模型以揭示演替过程中群落结构的某些内在数量特征；还是要推导多个模型的尺度转换形式。为此，在地处南亚热带的鹤山退化草坡选取处于不同演替阶段的 2 个典型群落样地，分木本层和草本层调查每个维管植物种的多度；且选择 7 个具有不同函数形式和广泛代表性的种多度模型，均在倍程尺度下拟合数据，运用卡方检验和调整决定系数评估各个模型的适合性。结果表明左截断对数柯西模型预测的种多度分布显示，随着群落演替，上层（木本层）罕见种比例减少、常见种比例增多，下层（草本层）则相反，这与实际相符。对数柯西分布具有普适性，能最好地反映南亚热带森林群落演替和退化草坡自然恢复中种多度分布的格局与动态。

4

广东森林生态定位
网络系统研究的科学问题

4.1 广东沿海防护林防护效应

4.1.1 研究意义

全球变暖是当前热点问题之一，在过去 30 年，西北太平洋和北大西洋台风的潜在破坏力平均分别增强了 75 % 和近 1 倍，每年平均超强台风数几乎翻了一番。热带气旋第六次国际会议发表的关于人类活动引起的气候变化与台风之间关系的声明认为：如果全球气候变暖持续，台风的最大风速和降水可能持续增加；模拟研究和理论分析显示海表温度每升高 1 ℃，台风的风速将增强 3% ~ 5%；如果全球变暖引起的海平面升高这一预测成为现实，则沿海地区对台风风暴潮的脆弱性将会增加；随着沿海地区人口增长和基础设施增加，台风对社会影响也不断加重。中国科学院关于气候变化对我国的影响与防灾对策建议中指出：50 多年来登录我国的台风呈逐年增强的趋势，沿海地区应对气候变化需重点防御台风灾害，切实加强自然灾害的机理及其影响研究。

沿海防护林建立在陆地最靠近海洋的前沿的生态交错区，改变着海陆交界处下垫面的生物地球化学循环，影响着生态系统的物质循环和能量流动；同时沿海防护林经受着强烈的海陆风的干扰。随着沿海经济的高速增长和人口的增加，沿海防护林减免自然灾害，改善自然环境，保障生产生活的作用日益重要。因此在全球气候变化的趋势下，运用恰当的方法对沿海防护林生态效应进行监测研究，将为沿海防护林生态系统的管理提供科学依据。

4.1.2 研究方法

4.1.2.1 技术路线

广东沿海防护林防护效应研究以森林培育学、森林生态学等相关学科的基础理论为指导，紧密结合广东省沿海防护林带建设任务，着重解决林带树种、结构单一问题，围绕提高林带防护体系抗灾减灾能力开展研究，结合多个项目研究，采用野外长期观测和试验研究相结合的手段，以广东省主要木麻黄沿海防护林和红树林为研究对象，基于广东沿海防护林森林生态系统定位研究站，采用森林生态服务功能和森林生态定位长期观测林业行业标准，最终形成广东省沿海防护林防护效应研究的技术和方法。技术路线见图4-1。

在实施中，依托沿海森林生态系统定位研究站、选择从南到北横跨热带、南亚热带的沿海防护林森林为研究对象，开展定位观测和移动观测相结合的方法，收集决定防护林防护效应的林带闭合度、宽度、疏透度、基盖度、高度、根系密度、物种丰富度等林带结构数据，综合评价不同树种、林型及纵深防御型防护林构建研究，同时利用观测结果开展多点对比实验，引进、选育防护林优良植物材料。

4.1.2.2 定位观测

广东沿海防护林森林生态定位观测站于2006年开始建设，是国内唯一以沿海防护林生态系统生态过程和防风效能为研究对象的长期定位观测站。广东沿海站遵循"一站多点"的建设理念，现有汕头沙质海岸基干防护林带、汕尾综合试验基地、湛江东海岛岛屿基干防护林带、北部湾红树林等观测站点。

4.1.2.3 材料选育

以20多年常规育种获得的种质材料为基础，开展木麻黄优良种源、优良单株选择并建立木麻黄种质资源库，开展抗逆性测定、杂交育种和品系区域性试验，筛选适生品系等繁育材料。在基干林带以马占相思、大叶相思和厚荚相思为主进行木麻黄纯林混交改造试验，构建复层混交型防护林，进行风口困难地段造林试验示范。

4.1.2.4 综合评价

林带闭合度用林带闭合指数来衡量，利用样线法测量，计算方法如下：

$$I_s = \frac{Ls}{L}$$

式中：I_s——林带闭合指数；

Ls——防护林林带中线长度；

L——监测区域防护林林带中线投影线上海岸线总长度。

林带高度为防护林带平均树高，利用系统布置的 $20m \times 20m$ 样方调查取标准木平均高度。

林带宽度为防护林带平均带宽，利用样线法测量林带宽度。

林带疏透度用林带透风系数来衡量，计算方法如下：

$$\alpha_0 = \frac{\bar{u}}{u_0}$$

式中：α_0——林带疏透度；

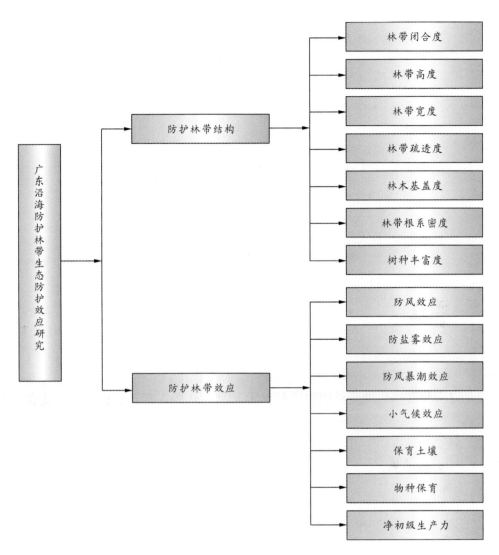

图4-1 广东沿海防护林带生态防护效应研究技术路线图

$\bar{u}$ ——防护林林带背风面林缘1倍树高范围内2 m高处的平均风速；

$\bar{u}_0$ ——监测区域旷野2 m高度的平均风速。

林带中单位面积乔木胸径高处(1.3 m)的断面积之和，利用系统布置的20 m × 20 m样方调查。

根系密度用防护林带单位面积地下1 m内平均的根系生物量密度来表示，利用系统布置的20m×20m样方调查，根系生物量用根钻取样。

树种丰富度用组成防护林带的乔木种类总数 S 表示，利用系统布置的20m × 20m样方调查。

防风效应用风速消减系数即一定时期内距离林带 x 距离处地面风速比旷野减少

的百分数来衡量，利用长期定位观测点测定为主，移动观测点监测为辅的方法测定。定位观测选取林带靠海前沿林缘 1 倍树高范围内、林带远离海岸一侧距林缘 1 倍、5 倍、10 倍、20 倍树高距离设立水平梯度风速风向监测系统，移动观测根据防护林体系的特点选择观测点，在一定时期内开展短期监测。计算方法如下：

$$E_w = \frac{u_0 - u_x}{u_0} \times 100\%$$

式中：E_w——林带防风效应；

u_0——防风林带区域旷野的地面风速；

u_x——距防护林林带 x 距离处的地面风速，地面风速风向监测选取距地面 2 m 高度。

防盐雾效应用大气盐粒消减系数即一定时期内距离林带 x 距离处一定高度的大气盐粒比林带靠海前沿 1 倍树高范围内监测点减少的百分数来衡量，利用长期定位观测点测定为主，移动观测点监测为辅的方法测定。定位观测选取林带靠海前沿林缘 1 倍树高范围内、林带远离海岸一侧距林缘 1 倍、5 倍、10 倍、20 倍树高距离设立盐雾监测系统，移动观测根据防护林体系的特点选择观测点，在一定时期内开展短期监测。计算方法如下：

$$E_s = \frac{C_{S_0} - C_{S_x}}{C_{S_0}} \times 100\%$$

式中：E_s——林带防盐雾效应；

C_{S_0}——林带靠海前沿 1 倍树高范围内监测点一定时期内收集的大气样品含盐粒子量；

C_{S_x}——距防护林林带 x 距离处一定时期内收集的大气样品含盐粒子量，监测取样高度在距地面2m 高处。

防风暴潮效应用风暴潮消减系数即发生风暴潮时一定时期内距离林带后 1 倍树高范围内潮水压力比林带靠海前沿 1 倍树高范围内监测点减少的百分数来衡量，利用长期定位观测点测定。计算方法如下：

$$E_p = \frac{p_0 - p_x}{p_0} \times 100\%$$

式中：E_p——林带防盐雾效应；

p_0——林带靠海前沿 1 倍树高范围内监测点的潮水压力；

p_x——距离林带后 1 倍树高范围内潮水压力，潮水压力监测仪固定在监测点地表。

小气候效应用气象因子改变系数即一定时期内距离林带 x 距离处或林带内 x 高度处气象因子与旷野相比的相对改变百分数来衡量，利用长期定位观测点测定为主，移动观测点监测为辅的方法测定。定位观测选取林带靠海前沿林缘 1 倍树高范围内，林带远离海岸一侧距林缘 1 倍、5 倍、10 倍、20 倍树高距离设立水平梯度气象因子监测系统，林带靠海前沿监测内容有太阳总辐射、大气压、风速风向、气温、相对湿度、土壤温度、土壤含水量，其他监测点监测风速风向、气温、相对湿度、土壤温度、土壤含水量；在林带中央设置林带高度 1.2 ~ 1.5 倍的观测塔，在林带内地下及距地面 1m 高、2m 高、0.5 倍树高、0.75 倍树高和 1.2 倍树高处设立林内垂直气象因子监测系统，地下监测土壤温度、土壤水分、土壤热通量，林带各高度均监测气温、相对湿度、风速风向，1m 高、1.2 倍树高处监测太阳辐射、降水量，移动观测根据防护林体系的特点选择观测项目和观测点，在一定时期内开展短期监测。计算方法如下：

$$E_w = \frac{M_0 - M_x}{M_0} \times 100\%$$

式中：E_w——林带防风效应；

M_0——防风林带区域旷野的气象因子观测值；

M_x——距防护林林带 x 距离处或林带内 x 高度的气象因子观测值，地面气象因子监测选取距地面 2m 高度。

保育土壤、物种保育、净初级生产力效应参照 LY/T 1606 - 2003 标准。

4.1.3　研究结果

为长期观测沿海防护林防风效能，国家林业局森林网络及广东省森林生态网络沿海生态站建立了如图 4-2 所示的基干林带前、中、后水平和林内垂直微气象观测系统。

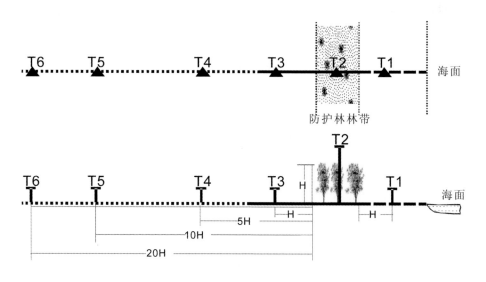

图 4-2　沿海防护林生态定位站观测梯度塔示意图

这个观测系统包括海边林带前的 3 m 高风速风向塔 T1，防护林带内 20 m 高的林内垂直分层风速风向塔 T2 以及林带后 1 倍树高处（1H）、5 倍树高处（5H）、10 倍树高处（10H）、20 倍树高处（20H）3 m 高的风速风向塔 T3、T4 、T5、T6。其中观测塔 T2 分别设置 5 层风速风向（离地面 20 m 高的冠层上方处、12 m 高的树冠中部、8 m 高的 1/2 树高处、近地层 2 m 和 1m 高处），风速风向计测定采用 Campbell 公司的 034B 风速风向计，数据采集存储用 Campbell 公司的 CR1000 数采（CSI，USA）；其他 3m 塔采用 Onset 公司的 S－WCA－M003 风速风向计，数据采集存储用 HOBO 数采（Onset，USA）。风速风向计以 0°为正北方向，90°为正东方向，由于测定点海岸线和木麻黄林带呈南北向分布，E 方向是海面，因此 NE、E、SE 方向的风定义为海陆风，NW、W、SW 方向的风定义为陆海风。

4.1.3.1　沿海防护林纵深防护梯度的风向变化

观测点周年风向变化数据表明，湛江东海岛防护林带不同位置风向频率分布有一定的差异，林带前沿测得海陆风占 64%，林冠上方测得的海陆风频率为 73%，林后 5H 处测得的海陆风 56%，三个点三个方向的数据表明海陆风是测定区域的主导风向，六个点的测定数据也显示次区域主要的风主要是海陆风组成（图 4-3 a）。远离海岸的林带后 5H 距离处相对较空旷地的风速表明，大于 10.8 m/s 的强风主要分布方向为 NE（图 4-3 b），风速 3.4 ~ 10.8 m/s 的海陆风风向频率也占 60%（图 4-3 c），小于 3.4 m/s 的风向在 8 个方向都有一定分布，但海陆风风向也占 49%（图 4-3 d）。

4.1.3.2　沿海防护林纵深防护梯度的风速变化

距离防护林不同位置风场年均日变化趋势如图 4-4 所示，林带靠海前边风速各时段均值均明显高于林带后靠陆地方向各处风速，林带后 1H 处和 20H 处的各时段风速都较低，林冠上方与林带后 5H 和 10H 处平均风速及变化趋势相近，各位置风速日出后至中午变化较大，这也和近地层大气湍流运动规律相符。防护林年均风向统计为海陆风，因此林带冠层上、林带后 1H、5H 和 10H 处各点年平均风速减弱系数分别为 26.8% 、65% 、23.4% 、28.4% 。

4.1.3.3　沿海防护林垂直梯度的风速变化

防护林带内垂直高度上风速日均变化如图 4-5 所示，在 20 m 高处的林带冠层上方各时段风速明显高于林内；由于密植营建防护林，木麻黄枝下高平均约树高的 1/2，林内近地层 2 m 和 1 m 处平均风速分别为 1 m/s 和 0.79 m/s，高于树高 1/2 处的 0.59 m/s，而冠层中部由于枝叶浓密风速最小，为 0.41 m/s。

4.1.3.4　沿海防护林抗台风效应

2009 年 8 月 5 日热带风暴"天鹅"在广东沿海台山登陆后又从东北方向向湛江移动，8 月 6 ~ 8 日过境湛江，定位观测风速和风向变化如图 4-6 和图 4-7 所示，在 8 月 6 日热带风暴到来时各观测点风速持续升高，到 8 月 6 日晚风暴中心正面过境

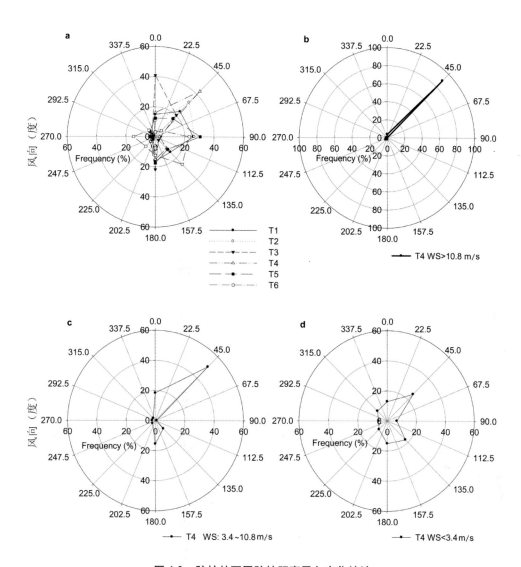

图4-3 防护林不同防护距离风向变化统计

时风速又短暂降低，风暴中心出境时风速急剧升高，风向也由陆海风转变为海陆风，此时木麻黄防护林正面形成对岸基的防护。热带风暴期间防护林带不同位置风速减弱系数以 8 月 6 日 22：00 台风中心过境时前沿风速降到最低且风向开始转为海陆风时开始计算至 8 月 8 日 10：00 止，林带冠层上、林带后 1H、5H、10H 和 20H 处各点年平均风速减弱系数分别为 62.1%、81.2%、49.8%、47.2% 和 41.9%。

4.1.3.5 沿海农田林网防风效应

在江门市新会区农田林网的观测表明，农田林网具有降低风速、提高温度、减少蒸发等作用，抗御台风、露风和倒春寒等灾害性天气的效果显著。不论是大、

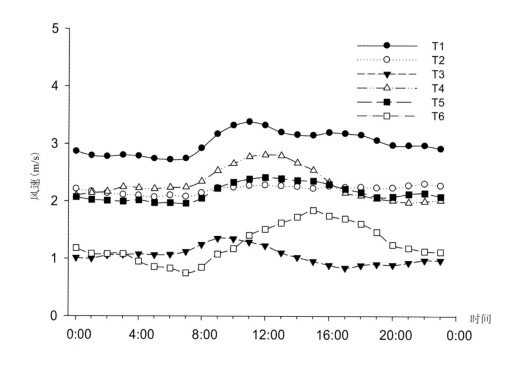

图4-4　防护林不同防护距离年均风速昼夜变化

中、小网格，当风靠近林网时风速就减小了，林带5～25倍树高距离范围内，均有明显的减少风速的作用（图4-8）。梯度观测表明，林内4m以下高度，均有降低风速的效应，其中5倍树高距离范围0.5m高处，降低风速效果最明显（风速降低到30%）（图4-9）。江门市江海区主要灌溉河道防护林的观测表明，落羽杉农田林网夏季具有明显降低空气温度的效应，冬季的温变也比较平缓；落羽杉农田林网具有一定的增湿效应，且植被郁闭度越大，增湿效应也越明显；经一年春、夏、秋、冬季4个季节的观测单因素方差分析和Tukey's HSD多重比较分析，无论是空气温度、相对湿度还是土壤温度，落羽杉农田林网、甘蔗地和空旷地的季节差异性均显著（$P < 0.001$），但就全年或春、夏、秋、冬季各个季节而言，落羽杉农田林网、甘蔗地、空旷地3者相互之间的差异性表现不相同。

4.2　东江流域水源林水文生态功能

4.2.1　研究意义

东江是广东四大水系之一，肩负着河源、惠州、东莞、广州、深圳以及香港近4000万人的生产、生活、生态用水。东江流域水资源状况的好坏，不仅对流域内经

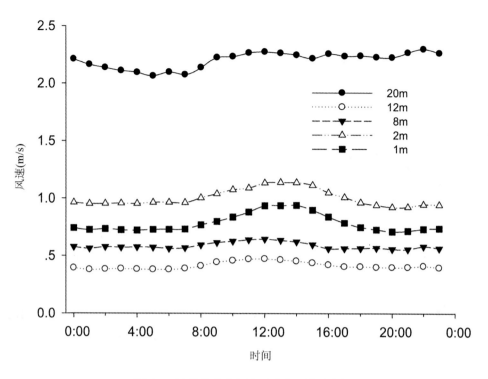

图 4-5 防护林带内年均风速分层梯度变化

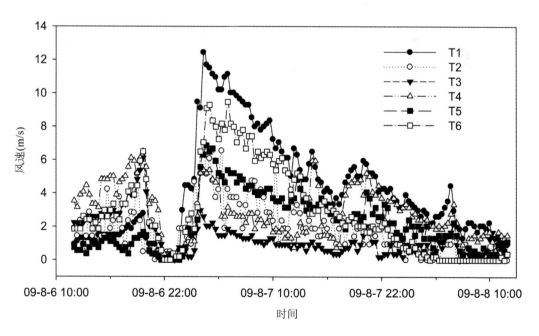

图 4-6 防护林不同防护距离台风期间风向变化

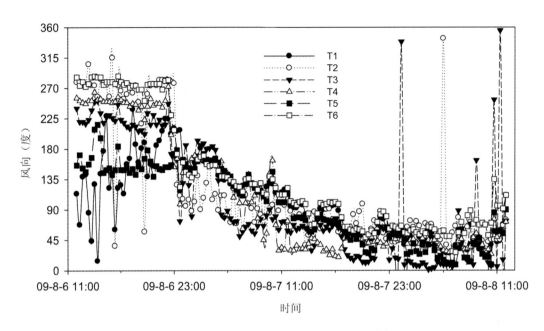

图4-7 防护林不同防护距离台风期间风速变化

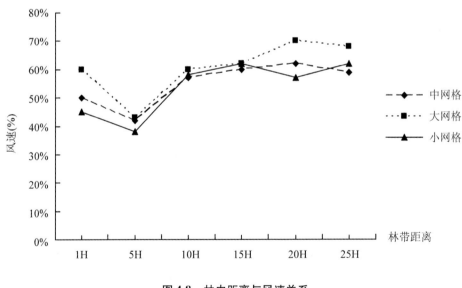

图4-8 林内距离与风速关系

济发展和人民生产、生活有重大影响,而且还直接影响香港地区,因此东江流域水源涵养林在保护水土资源,改善东江水质方面,有着重要的生态效益和经济效益。2003年广东财政安排专项资金用于东江流域水源林建设,开展了东江流域的水源林建设和研究科技攻关课题,为建立森林水文定位观测站,加强森林理水调洪功能研

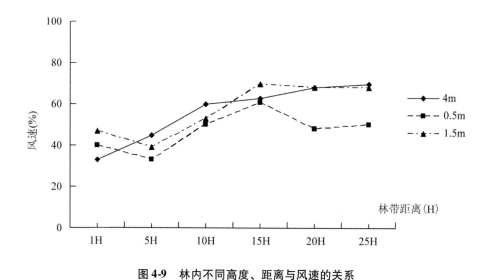

图 4-9　林内不同高度、距离与风速的关系

究，改善当地的生态环境，减少泥沙量，促进森林生态环境建设、恢复、保护与评价，提供了科学的理论和实践依据。通过对东江流域不同森林类型典型林分水文生态功能的研究，分析不同植被类型对森林水文功能的影响，探索不同森林植被类型对森林水文的影响机制；在研究不同森林类型水文生态功能的基础上，运用熵权系数法模型建立东江流域森林水文生态功能评价的指标体系，并对不同类型森林的水文生态功能价值进行比较评估，为配置不同类型的水源涵养林提供科学依据，从而为东江流域森林植被建设和生态环境建设的可持续发展提供参考。

4.2.2　研究方法

4.2.2.1　技术路线

水源林水文生态功能技术路线图见图 4-10。

4.2.2.2　定位观测

森林水文观测主要包括大气降水、冠层截留、地表径流、地下径流和森林蒸散等。以小流域典型森林植被为基本观测对象，在小流域（坡面集水区）的基础上，建设不同的观测单元，包括地表径流观测点（测流堰和径流场）、土壤水分观测样地、大气降水观测点、树干径流和穿透降水观测样地、地下水位观测点等，结合野外定位观测仪器设备，进行森林水文自动观测。森林蒸散采用小流域水量平衡法进行计算。

4.2.3　研究结果

4.2.3.1　东江流域水源林枯落物持水特性

不同森林植被类型枯落物最大拦蓄量介于 3.34 ~ 14.39 t/hm² 之间，平均为

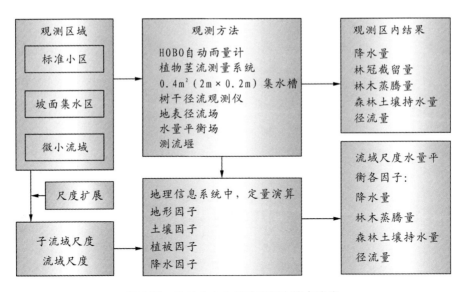

图4-10 森林水文生态功能研究技术路线

8.96 t/hm², 从不同林分类型来看, 枯落物最大拦蓄量与最大持水量变化趋势一致, 表现为杉木林枯落物最大拦蓄量最高, 为14.39 t/hm², 其次为针阔混交林, 最小为马尾松林, 仅为3.34 t/hm²; 最大拦蓄量仍不能反映枯落物层对实际降水的拦蓄情况, 因此需要计算枯落物的有效拦蓄量。结果表明, 各森林枯落物层的有效拦蓄量为2.60~11.66 t/hm², 平均为7.16 t/hm²。其中, 杉木林枯落物有效拦蓄量最高, 为11.66 t/hm², 而针阔混交林和阔叶林枯落物有效拦蓄量相差不大, 马尾松林枯落物有效拦蓄量最小, 为2.60 t/hm²。

持水率表征了枯落物的潜在持水能力。浸水开始时, 枯落物持水率迅速增加, 随浸水时间延长, 持水率趋于稳定。阔叶林、针阔林、杉木林、马尾松林和灌木林枯落物在各时段半分解层平均持水率分别是未分解层的1.16、1.41、1.47、1.31和1.28倍; 在2 h以内, 阔叶林、针阔林、杉木林、马尾松林和灌草地未分解层枯落物和半分解层枯落物持水率分别达到其最大持水率的79.04 %和87.67 %, 75.98 %和84.23 %, 72.18 %和85.35 %, 73.40 %和82.53 %, 83.82 %和90.69 %, 半分解层枯落物持水率所占最大持水率的比例明显高于未分解枯落物持水率所占比例(图4-11)。不同林分类型枯落物吸水速率随时间变化趋势是一致的, 半分解枯落物吸水速率大于未分解枯落物吸水速率, 在浸水开始到浸水2h, 枯落物吸水速率迅速降低, 之后缓慢下降, 枯落物在浸水10~12h时基本持水饱和, 吸水速率趋向于零; 在浸水15 min时, 枯落物的吸水速率表现为阔叶林[3.79 g/(g·h)]>灌草地[3.54 g/(g·h)]>杉木林[3.30 g/(g·h)]>针阔混交林[2.90 g/(g·h)]>马尾松林[2.52 g/(g·h)], 在浸水8~10 h后, 枯落物吸水速率基本上维持在0.09~0.18 g/(g·h), 吸水基本饱和(图4-12)。

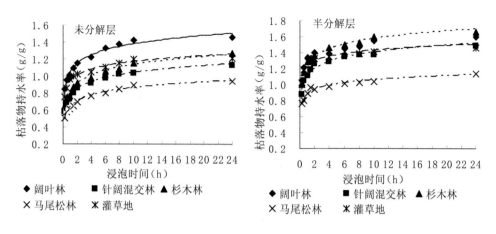

图 4-11　枯落物持水过程

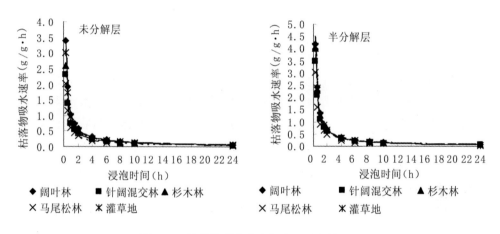

图 4-12　枯落物吸水速率与浸泡时间的关系

4.2.3.2　东江流域水源林土壤持水特性

土壤持水特性是评价水源涵养、调节水循环的主要指标之一。土壤是水分贮存库和水分调节器，土壤的持水能力是评价森林涵养水源、调节水循环的一个重要指标，其大小与土壤的孔隙度状况、土壤厚度密切相关。土壤持水主要包括土壤饱和持水量、土壤毛管持水量、土壤非毛管持水量和土壤田间持水量。

土壤饱和持水量是单位面积一定土层厚度土壤水分饱和时所贮蓄的水分数量，即土壤中孔隙完全被水分填充时贮蓄的水分数量，体现出土壤含蓄能力的最大值，是表征土壤调节水分循环能力的基本指标。从表 4-1 可以看出，以 1m 厚土层为基准，东江中上游典型森林土壤饱和持水总量的排序为杉木林（517.06 mm）＞针阔混交林（504.46 mm）＞阔叶林（483.05 mm）＞马尾松林（471.53 mm）＞灌草林（449.08 mm），杉木林显著大于荒草地，杉木林饱和持水量比荒草地高出 15.14 %。

从表 4-1 可以看出，以 1m 厚土层为基准，土壤毛管持水量表现为，杉木林
（468.02 mm）>针阔混交林（443.14 mm）>马尾松林（440.06 mm）>阔叶林（428.07
mm）>荒草林（335.02 mm），并且杉木显著大于荒草地，杉木林土壤毛管持水量均
值比荒草地高出 39.70%。土壤非毛管持水量表现为荒草林（134.05 mm）>针阔混
交林（61.33 mm）>阔叶林（54.99 mm）>杉木林（49.04 mm）>马尾松林（31.48
mm）。与土壤最大贮蓄水分总量和毛管贮蓄水分总量特征表现相一致，森林类型对
非毛管贮蓄水分总量的影响小于同一森林类型中样点环境条件差异所造成的影响。
表 4-1 可以看出，以 1m 厚土层为基准，各种森林土壤田间持水量的排序为杉木林
（414.35 mm）>马尾松林（408.02 mm）>阔叶林（388.60 mm）>针阔混交林（376.08
mm）>灌草林（304.25 mm），并且杉木林显著大于灌草林，杉木林土壤现实持水量
值比灌草林高出 34.1%。

表 4-1　典型森林群落林地土壤持水量

林地类型	土壤层次	土壤饱和持水量（mm）	土壤毛管持水量（mm）	土壤非毛管持水量（mm）	土壤田间持水量（mm）
阔叶林	0~25	133.52	108.45	25.07	90.63
	25~50	124.35	110.95	13.40	102.31
	50~75	112.54	102.56	9.98	93.68
	75~100	112.64	106.11	6.54	101.98
	合计	483.05	428.07	54.99	388.60
针阔混交林	0~25	129.07	102.51	26.56	82.98
	25~50	122.62	111.44	11.18	94.73
	50~75	123.39	111.34	12.06	96.00
	75~100	129.38	117.85	11.53	102.37
	合计	504.46	443.14	61.33	376.08
杉木林	0~25	136.69	115.44	21.25	101.52
	25~50	132.03	120.04	11.99	107.11
	50~75	118.14	110.71	7.43	100.27
	75~100	130.20	121.83	8.37	105.45
	合计	517.06	468.02	49.04	414.35
马尾松林	0~25	118.90	106.84	12.06	97.51
	25~50	119.85	113.02	6.83	104.11
	50~75	115.73	110.86	4.88	103.86
	75~100	117.05	109.34	7.71	102.54
	合计	471.53	440.06	31.48	408.02

（续）

林地类型	土壤层次	土壤饱和持水量（mm）	土壤毛管持水量（mm）	土壤非毛管持水量（mm）	土壤田间持水量（mm）
灌草林	0～25	131.19	79.15	52.04	66.70
	25～50	123.96	81.81	42.15	73.14
	50～75	116.98	87.15	29.82	81.15
	75～100	96.95	86.91	10.04	83.26
	合计	469.08	335.02	134.05	304.25

4.2.3.3　东江流域水源林对地表径流影响

2007～2008 年选 12 场不同类型的降雨，即小雨、中雨、大雨、暴雨和特大暴雨。选取原则是数据较完整，有一定的径流效应。场降雨划分以超过 1 h 算作下一场降雨，零散微量降雨视地下径流持续的情况归入前面的场降雨或舍去。计算出每场降雨的平均雨强（mm/h），并将其换算为（mm/d）的雨强单位，对降雨强度等级的划分标准见表 4-2。

表 4-2　降雨类型划分表

降雨强度等级	日降雨量（mm/d）
小雨	0～9.9
中雨	10～24.9
大雨	25～49.9
暴雨	50～99.9
大暴雨	100～199.9
特大暴雨	≥200

对于降雨因子统计其降雨量、降雨历时、降雨强度和前 3 天降雨量，对于地表径流因子统计其径流深、径流系数、径流历时。各降雨径流特征值见表 4-3。根据标准径流小区观测，场降雨条件下不同植被类型林地地表产流的特征各不相同。

由表 4-3 可以看出，模式 1 阔叶混交林地平均地表径流量为 4.21mm，模式 2 阔叶混交林地平均地表径流量为 5.36mm，对照荒草地平均地表径流量为 8.56mm，对照荒草地平均地表径流量远大于模式 1 和模式 2。模式 1、2 和对照地表径流量、地表径流系数基本上随降水量的增大而逐步升高。在小雨条件下，即降水量在 0～9.9mm/d 之间，3 个小区在小雨条件下即能产生地表径流，但产流量不大，模式 1 平均地表径流量（0.29 mm）<模式 2（0.49 mm）<对照（0.91 mm），地表径流系数最大的是对照荒草地，平均地表径流系数依次为模式 1（0.0415）<模式 2（0.0703）<对照（0.135）。在中雨条件下，3 个小区地表径流量与地表径流系数随降水量的增大而有所增加，模式 1 平均地表径流量（1.69 mm）<模式 2（2.13 mm）<对照（2.37

mm)，地表径流系数最大的为对照荒草地，平均地表径流系数依次为模式1（0.0874）＜模式2（0.1098）＜对照（0.1217）。在大雨条件下，模式1平均地表径流量（4.01 mm）＜模式2（5.45 mm）＜对照（7.63 mm），地表径流系数最大仍是对照荒草地，平均地表径流系数依次为模式1（0.1071）＜模式2（0.1449）＜对照（0.2080）。在暴雨条件下，模式1平均地表径流量（9.63 mm）＜模式2（11.70 mm）＜对照（21.12 mm），地表径流系数最大仍是对照荒草地，平均地表径流系数依次为模式1（0.1293）＜模式2（0.1636）＜对照（0.2833）。

表4-3 不同植被类型林地地表产流特征

场次	降水量（mm）	降水强度（mm/h）	地表径流量（mm）			地表径流系数（%）		
			模式1	模式2	对照	模式1	模式2	对照
1	5.60	0.35	0.06	0.13	0.42	1.07	2.32	7.50
2	7.20	0.53	0.52	0.84	1.40	7.22	11.67	19.44
3	13.90	0.68	1.10	1.45	1.60	7.91	10.43	11.51
4	19.60	1.11	1.85	1.90	2.10	9.44	9.69	10.71
5	23.80	1.34	2.11	3.05	3.40	8.87	12.82	14.29
6	25.40	1.52	2.85	3.73	6.00	11.22	14.69	23.62
7	28.20	1.45	2.12	2.90	4.20	7.52	10.28	14.89
8	43.20	2.38	5.12	6.86	11.40	11.85	15.88	26.39
9	48.60	3.76	5.96	8.31	8.90	12.26	17.10	18.31
10	55.40	3.20	5.68	8.08	10.65	10.25	14.58	19.22
11	67.80	3.98	8.00	12.63	20.70	11.80	18.63	30.53
12	90.80	9.78	15.20	14.40	32.00	16.74	15.86	35.24
			4.21	5.36	8.56			

注：模式1为火力楠、红椎、深山含笑、秋枫、银华、木荷和鸭脚木混交林；模式2为灰木莲、枫香、乐常含笑、海南蒲桃、中华杜英、樟树和铁冬青混交林；对照为马尾松残次林。

4.2.3.4 东江流域水源林对水质影响

由于环境污染加剧，全球水质型缺水日益严重，是引起世界范围内淡水危机的重要原因之一。森林因具有调节、净化、稳定水质的作用，近20年来，森林与水质关系的研究倍受重视，已成为研究热点。采用 YSI-6600EDS 型环境监测系统，以东江流域森林植被类型为研究对象，根据水与森林生态系统相互作用的空间顺序，从降水到流域出口径流，对森林生态系统不同层次的水质效应进行了系统的研究，结果见表4-4。

表4-4　东江流域水源林对水质影响

水质		气温（℃）	电导率（ms/cm）	溶解氧（mg/L）	pH	浊度NTU	叶绿素含量（μg/L）	盐度（mg/L）	总溶解固体物质（g/L）
大气降水		25.8	0.069	9.08	6.32	2.03	0.71	0.03	0.044
林内降水	阔叶林	26.0	0.173	6.98	5.85	3.96	3.19	0.06	0.095
	针阔林	26.2	0.187	6.65	5.90	4.69	4.85	0.09	0.124
	杉木林	26.1	0.122	6.47	5.86	5.65	8.39	0.12	0.150
	马尾松	26.4	0.103	6.39	6.01	7.94	5.62	0.13	0.243
地表径流	阔叶林	27.1	0.070	8.69	7.54	1.34	1.21	0.03	0.053
	针阔林	27.0	0.073	8.45	7.10	2.06	1.95	0.04	0.062
	杉木林	27.2	0.080	8.01	7.03	1.02	2.02	0.04	0.046
	马尾松	27.8	0.082	8.22	7.12	3.21	2.42	0.05	0.070
	农田	28.5	0.104	5.12	7.65	9.34	5.34	0.06	0.109

从表4-4可以看出，大气降水pH值偏酸性，大气降水经林冠层淋溶后，林内降水pH值降低，酸性增强，经土壤层产生地表径流pH值趋于中性；大气降水盐度很低（0.03 mg/L），大气降水经林冠层淋溶后，林内降水盐度升高（0.13 mg/L），经土壤层产生地表径流盐度又降低（0.05 mg/L）；森林生态系统净化水质的关键层次为土壤层；森林生态系统净化水质效果明显好于农田生态系统。

4.2.3.5　东江流域水源林空间配置与林分优化技术

（1）马尾松林空间配置与林分结构优化

马尾松林大部分是由季风常绿阔叶林和山地常绿阔叶林遭受破坏逆行演替而形成的天然更新林，少数是人工栽培。通过对马尾松人工纯林进行改造，形成多树种、多层次，功能和结构稳定的针阔混交林。方案1，主要树种：木荷×枫香；混交树种：黎蒴栲、火力楠、阴香、灰木莲和石栎；下层树种：铁冬青、大头茶和鸭脚木；树种配置：主要树种、混交树种、下层树种比例为30%：50%：20%。方案2，主要树种：火力楠×红椎；混交树种：海南红豆、刺栲、阴香、红花荷和樟树，下层树种：铁冬青和大头茶；树种配置：主要树种、混交树种、下层树种比例为40%：40%：20%。方案3，主要树种楠木×山杜英；混交树种：枫香、木荷、壳菜果、刺栲和阴香；下层树种：鸭脚木；树种配置：主要树种、混交树种、下层树种比例为40%：50%：10%。

（2）退化人工林空间配置与林分结构优化

人工林主要由大叶相思、马占相思、桉树林等组成。目前，人工林总体上看树种和林分结构单一，水土保持、水源涵养功能差，需要对人工林进行林分结构优化。方案1，主要树种：马占相思×刺栲；混交树种：枫香、木荷、黎蒴栲、阴香、格木；下层树种：红花油茶、铁冬青和白背叶；树种配置：主要树种、混交树种、下层树种比例为50%：40%：10%。方案2，主要树种：大叶相思×黎蒴栲；混交树种：海南红豆、樟树、火力楠、红花荷和中华椎；下层树种：鸭脚木和铁冬青；树种配置：主要树种、混交树种、下层树种比例为50%：30%：20%。

（3）常绿阔叶灌丛空间配置与林分结构优化

常绿阔叶灌丛主要由于常绿阔叶林或马尾松经过人工反复砍伐逆行演替而形成的。常见的有桃金娘、岗松、黄牛木、芒萁灌丛和鹧鸪灌丛等。通过对常绿灌丛空间配置与林分结构优化，形成多树种、多层次，功能和结构稳定的常绿阔叶林。方案1，主要树种：中华椎×厚壳桂；混交树种：红椎、火力楠、刺栲、黎蒴栲和南酸枣；下层树种：铁冬青、鸭脚木和白背叶；树种配置：主要树种、混交树种、下层树种比例为40%：40%：20%。方案2，主要树种：椆木×海南红豆；混交树种：阴香、黎蒴栲、海南蒲桃、樟树和枫香；下层树种：鸭脚木和铁冬青。

4.3 广东森林固碳增汇

4.3.1 研究意义

大气中的温室气体特别是二氧化碳浓度的升高带来全球气候变化已经是不争的事实，人类的生存和发展面临着气候变暖带来的严峻挑战。在发展经济和减少碳排放的双重需求下，消除"碳足迹"、探求"低碳技术"、推行"低碳生活方式"、促进"低碳经济"发展等理论和方法应运而生。国家林业局2007年颁布了《应对气候变化林业行动计划》。在2009年联合国气候变化峰会上，中国国家领导人郑重承诺"到2020年，要在2005年基础上增加森林面积4000万 hm^2 和森林蓄积量13亿 m^3"。林业在应对气候变化中具有不可取代的作用和地位。广东省森林的固碳增汇研究意义重大。

该研究立足于广东森林生态系统定位研究网络平台，采用实测和模型模拟的方法对广东省优势树种、典型森林类型、林种、林组的碳汇和碳收支进行系统研究。致力于探索广东森林的固碳增汇能力及碳收支平衡，及森林生产力对气候变化的响应，阐明影响广东省森林生产力的植被、土壤、水分、光照、温度等因子，该研究对于分析森林生态系统在碳平衡中的作用和地位具有重要的理论与现实意义。该项目的研究为广东省森林碳汇的测定和评价、主要树种和森林类型的碳汇能力比较，以及碳汇测定技术的应用提供科技支持，为广东省碳汇林基线的确定提供技术支撑。促进广东省在碳汇领域取得更多的科研成果和实验总结，有利于推进广东省林业在碳汇研究方面处于科研主动和前沿地位。

4.3.2　研究方法

4.3.2.1　技术路线

广东省主要森林类型碳汇监测关键技术研究与示范以森林培育学、森林群落学、森林生态学等相关学科的基础理论为指导，结合"3S"技术，按照林业创新试验和示范项目的研究特点，采用野外调查、试验研究、技术示范相结合的手段，以广东省主要森林类型为研究对象，基于广东森林生态系统定位研究平台，采用国际认可的碳汇测定方法和模型，探明广东省主要树种和森林生态系统的碳汇能力及碳收支平衡、深入分析植被、土壤、生境立地因子对森林碳汇的影响（图4-13）。

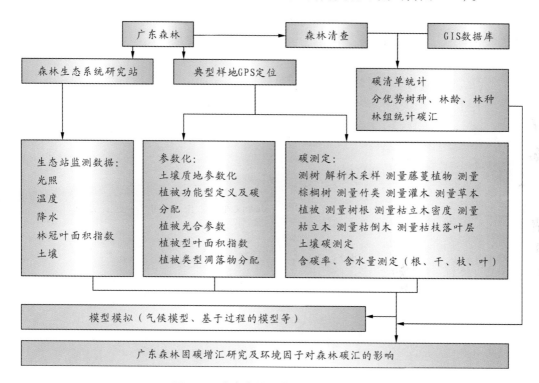

图4-13　广东森林固碳增汇技术路线图

4.3.2.2　森林碳汇能力实测

利用生物量法或解析木法对森林生态系统的碳汇能力进行实测。对相应的树干、根、茎、叶、枝进行鲜重测定；同时测量同一标准样地内枯枝落叶层和土壤碳储量。室内分析测定含碳率和含水量：完成树干解析测定，及根、干、叶、枝含碳率和含水量的测定和样地碳汇能力。

4.3.2.3　森林碳储量与年固碳量测算

结合森林生态站长期定位观测的环境数据和广东省森林资源二类调查数据（蓄积量、树种组成、年龄等），推算广东省森林碳储量和年固碳量。

4.3.2.4 森林碳汇潜力预测

基于生态系统尺度的生态服务功能定位实测数据，运用过程机理模型等先进技术手段，进行由点到面的数据尺度转换，将点上实测数据转换至面上测算数据，即可得到各生态服务功能评估单元的测算数据。利用过程机理模型IBIS（集成生物圈模型），输入森林生态站各样点的植物功能型类型、林分类型LAI、植被类型、土壤质地、土壤养分含量、凋落物储量，以及气温、大气相对湿度、云量、风速、各种植物生理参数等。碳收支模型模拟：运行IBIS模型，模拟广东省主要森林植被类型的碳收支平衡状况。计算和预测模拟具体森林类型的碳收支情况。

4.3.2.5 森林碳汇影响因素数据收集

基于森林生态定位站长期定位观测资源，系统收集样地的光照（太阳总辐射、光合有效辐射）、土壤（土壤质地）、降水（月降水量、逐日降水量）、温度（月均温、逐日最高温、逐日最低温）、地形数据（坡度、坡向、海拔）、林冠层叶面积指数LAI。森林碳汇影响因子分析：探索测定点对应的光照、土壤、降水、温度、地形、林冠层LAI对森林碳汇的影响。

4.3.4 研究结果

4.3.4.1 广东省各优势树种碳储量

广东省主要优势树种林分类型的年固碳量最大的为以马尾松为优势树种的林分类型，其值为537.56万t/a。其次为软阔类、桉树、针阔混等林分类型。各林分类型的年固碳量差异较大，其原因除了林分类型内在因素外，主要受具体林分类型的面积大小的影响。单位面积的年固碳量大小依次为：针叶混＞其他软阔类＞针阔混＞木荷＞其他硬阔类＞桉树＞阔叶混＞杉木＞木麻黄＞相思＞马尾松＞其他松（表4-5）。

表4-5 广东省不同优势树种林分类型面积、蓄积及固碳量

优势树种	面积（hm²）	蓄积（m³）	单位面积蓄积（m³/hm²）	固碳量（万t/a）	单位面积固碳量[t/(hm²·a)]
马尾松	2 098 780.9	93 629 033	44.6	537.56	2.56
其他松类	490 961.7	25 941 244	52.8	102.89	2.10
杉木	799 856.6	50 246 578	62.8	320.29	4.00
木荷	39 034	1 111 118	28.5	16.75	4.29
其他硬阔类	641 449.2	32 696 533	51.0	273.80	4.27
桉树	1 141 379.5	45 932 783	40.2	469.67	4.11
相思	124 920.9	7 137 204	57.1	47.17	3.78
木麻黄	24 605.9	1 278 574	52.0	9.57	3.89

（续）

优势树种	面积 （hm²）	蓄积 （m³）	单位面积蓄积 （m³/hm²）	固碳量 （万 t/a）	单位面积固碳量 [t/(hm²·a)]
其他软阔类	1057033.6	49274400	46.6	516.16	4.88
针叶混	364 650.7	20 199 579	55.4	201.34	5.52
阔叶混	627 334.2	29 622 294	47.2	253.98	4.05
针阔混	805 025.5	38 831 241	48.2	356.18	4.42
总计	8 927 100.6	398 454 671	44.6	3 418.27	3.83

4.3.4.2 广东省不同龄组优势树种碳储能力

表 4-6 ~ 4-8 显示了广东省各地区不同优势树种林分类型在中林龄、近熟林和成熟林在单位面积的蓄积量。同一优势树种的林分类型在不同地区的差异较大。如中龄林的杉木在珠海和佛山的单位面积蓄积量最高，而在汕头最低。每个地区单位面积蓄积量最大的优势树种也各不相同。例如，中林龄中，深圳的台湾相思最高，珠海的杉木最高，佛山的其他硬阔最高；近熟林中，深圳、珠海、佛山均为台湾相思最高；过熟林中，深圳的其他硬阔最高，珠海的杉木最高，佛山的木麻黄最高。以上结果表明为了维持较高的储碳能力，不同地方对于不同优势树种林分类型需采取不同的经营管理措施。

4.3.4.3 广东省森林年固碳量

森林通过光合作用吸收大气中的二氧化碳，释放氧气。表 4-9 显示了广东省各地区的固碳释氧量。其中，固碳释氧量最大的 4 个地为韶关、河源、梅州和惠州。固碳释氧量较小的地为中山、珠海、东莞、汕头、佛山、深圳。固碳释氧量的差异一方面与各地市森林面积的大小有关，另一方面与各地市具体的森林生长状况有关。

4.3.4.4 广东沿海木麻黄碳收支模拟

表 4-10 为应用 IBIS 模型模拟的广东沿海木麻黄碳收支的具体结果。IBIS 模型耦合了动态植被和陆气界面生物物理过程，对于动态植被的模拟与林窗模型类似（如对植被的生长、死亡、更新等过程）的模拟，并且具有随时对植被类型进行校正的功能。通过模型模拟得出了沿海木麻黄的总光合生产力 GPP、净光合初级生产力 NPP、净生态系统生产力 NEE、根与微生物呼吸量、根系呼吸量、微生物呼吸量、枯落物分解量、土壤碳积累量的具体数值(4-10)。IBIS 模型能够全面综合碳循环动态并集成陆地生态系统碳循环的各个过程，通过与气候模型的耦合，准确描述了陆

表 4-6　广东省各地区中龄林优势树种单位面积蓄积量（m³/hm²）

优势树种/地区	小计	杉木	马尾松	湿地松	国外松	桉树	黎蒴	速相思	南洋楹	木麻黄	木荷	其他软阔	台湾相思	其他硬阔	针叶混	针阔混	阔叶混
广东省	47.5	67.5	42.7	18.8	14.7	38.3	8.5	20.9	29.8	56.4	12.7	23.8	71.2	62.2	52.9	53.1	58.5
广州市	49.1	71.4	44.1	50.5	65.4	49.8	22.5	34.3	32.3	27.8	17.1	32.1	70.8	71.5	58.9	50.4	44.7
深圳市	49.6	71.9	35.5	–	54.8	50.9	–	40.5	59.6	–	–	34.7	92.7	58.9	84.3	50.9	37.3
珠海市	65.2	105.4	42.1	57.2	–	47.8	–	42.8	–	48.1	21.7	94.5	61.6	75.3	66.1	80.0	–
汕头市	27.9	29.7	22.9	11.4	–	18.6	–	0.0	–	25.4	–	12.9	36.7	25.5	19.9	29.5	31.6
韶关市	64.8	73.4	60.8	25.3	20.4	34.0	2.5	7.7	10.4	–	21.1	31.2	134.6	67.6	67.5	67.7	72.1
河源市	41.7	49.7	36.2	31.6	–	32.8	–	–	42.5	–	2.6	37.1	–	57.7	45.9	49.1	54.6
梅州市	36.6	49.0	31.6	36.8	22.9	25.7	2.8	37.1	–	–	6.6	20.5	66.5	58.6	43.8	43.4	62.1
惠州市	41.5	51.0	35.0	42.6	–	29.2	–	10.8	34.1	28.1	7.6	32.7	59.2	60.8	46.2	41.8	55.3
汕尾市	23.6	30.9	21.9	19.1	–	32.3	–	5.3	–	9.6	17.8	12.1	40.9	26.4	18.6	26.1	18.8
东莞市	61.2	58.4	47.2	57.6	50.8	64.5	–	56.8	–	–	–	24.0	69.4	74.4	84.9	75.8	73.9
中山市	51.0	77.9	46.7	70.3	56.3	55.7	–	90.3	–	–	–	26.0	55.5	34.7	50.5	42.9	43.5
佛山市	59.7	101.3	62.5	16.2	30.4	42.7	–	19.0	30.6	–	44.2	18.1	90.5	107.8	82.5	69.6	52.7
阳江市	38.1	83.9	47.0	6.3	6.8	24.9	–	5.7	0.0	48.8	18.1	21.6	93.9	69.1	56.7	77.7	39.1
湛江市	58.1	83.4	71.2	89.4	47.6	56.1	68.2	10.8	–	72.0	–	41.9	165.4	50.9	–	78.7	113.9
茂名市	53.8	66.8	59.8	36.8	42.4	33.0	11.6	13.6	13.7	48.4	–	13.1	37.3	101.7	67.6	60.2	38.5
肇庆市	48.6	63.5	50.6	46.1	0.4	38.1	6.8	25.0	13.9	–	14.8	22.0	73.2	88.9	56.9	58.1	62.6
清远市	62.8	91.0	62.1	45.1	14.1	38.9	12.6	0.0	16.3	–	20.0	15.6	45.8	64.7	69.3	63.9	62.7
潮州市	60.5	60.5	31.0	39.4	25.3	51.4	–	27.8	29.0	–	58.9	12.1	24.3	69.4	41.8	34.1	37.7
揭阳市	28.7	33.2	30.3	14.0	18.2	15.4	0.1	6.6	–	35.7	12.6	9.8	37.4	33.2	38.2	33.4	37.4
云浮市	44.6	51.8	52.0	22.7	8.4	23.8	–	2.7	30.1	–	4.5	15.9	26.9	50.6	53.5	56.2	29.6
省属林场	54.6	77.1	44.6	53.4	5.7	71.1	–	57.8	–	–	23.0	20.1	124.1	46.5	58.2	47.9	38.0

表 4-7 广东省各地区近熟林优势树种单位面积蓄积量（m³/hm²）

优势树种 地区	小计	杉木	马尾松	湿地松	国外松	桉树	黎蒴	速相思	南洋楹	木麻黄	荷木	其他软阔	台湾相思	其他硬阔	针叶混	针阔混	阔叶混
广东省	54.4	80.8	54.7	60.0	49.7	45.9	18.5	52.8	43.8	69.8	39.3	43.5	117.0	85.8	60.3	55.0	50.6
广州市	51.4	94.7	56.7	59.1	–	46.0	26.1	66.3	34.8	31.0	45.0	44.1	87.0	121.5	63.7	54.7	44.0
深圳市	58.7	39.7	49.1	27.4	–	67.2	–	85.3	66.0	166.5	59.7	43.3	143.3	84.6	–	60.4	39.4
珠海市	86.2	74.0	42.0	100.2	160.0	110.6	–	49.9	–	–	56.6	138.1	218.2	90.3	79.3	99.9	–
汕头市	30.8	51.7	29.6	–	–	27.6	–	19.3	–	30.7	12.9	11.6	39.4	–	40.5	32.6	23.2
韶关市	67.9	81.9	74.0	88.4	100.5	32.5	6.4	–	74.1	–	50.9	54.1	–	71.3	80.2	68.6	59.9
河源市	44.8	50.9	38.4	49.1	–	39.2	0.0	–	–	–	27.0	49.9	–	70.0	49.9	50.3	51.5
梅州市	40.6	56.6	40.0	45.3	38.7	30.2	18.5	52.5	0.0	23.4	34.8	32.3	–	64.3	51.0	46.0	52.5
惠州市	40.9	99.9	35.9	50.0	–	33.1	6.2	17.0	48.4	42.5	25.3	39.4	–	190.7	35.6	42.1	49.4
汕尾市	30.2	42.5	24.5	38.0	–	31.4	27.6	10.2	–	22.2	23.7	31.4	45.7	68.8	25.6	33.4	36.5
东莞市	76.7	115.9	47.4	88.4	65.4	81.4	–	115.3	102.1	–	58.3	32.0	–	–	91.0	56.3	49.7
中山市	54.7	46.8	37.8	75.8	7.5	59.1	0.0	74.1	–	–	–	29.5	72.6	–	44.7	59.5	39.8
佛山市	57.9	89.0	62.0	82.7	38.5	40.5	12.9	87.2	29.5	70.8	69.8	44.1	61.5	105.6	65.6	81.9	50.6
阳江市	53.5	95.6	44.6	63.5	68.6	35.7	0.0	39.3	9.8	75.6	39.4	39.8	122.2	86.5	68.8	54.2	23.7
湛江市	69.6	101.4	66.2	95.8	45.3	68.7	22.4	79.6	–	92.4	–	57.5	99.3	37.4	–	64.2	129.1
茂名市	67.9	85.9	73.6	57.3	57.9	45.2	0.0	9.7	41.7	90.2	47.0	44.9	–	98.3	76.3	58.0	38.0
肇庆市	59.4	78.2	62.8	68.6	22.9	46.7	11.8	58.3	37.0	–	55.9	48.1	–	130.6	61.1	60.3	45.5
清远市	71.3	111.7	70.3	80.5	78.8	47.5	28.5	0.0	13.3	–	41.0	50.7	91.3	113.3	82.0	69.0	58.5
潮州市	65.4	65.4	36.5	50.7	33.5	30.3	–	39.2	34.3	43.7	68.0	20.5	34.9	–	39.4	43.7	39.6
揭阳市	33.4	44.6	34.2	45.4	35.9	22.8	5.2	19.4	–	56.8	27.8	27.2	51.7	53.3	46.2	35.4	32.6
云浮市	53.1	57.8	55.4	63.6	12.3	48.1	30.8	19.8	53.3	–	52.2	32.8	54.6	54.6	60.6	54.0	43.7
省属林场	72.2	92.9	46.3	76.9	17.0	92.0	–	105.4	–	–	36.8	24.3	–	69.5	75.3	63.4	29.0

表 4-8　广东省各地区成熟林优势树种单位面积蓄积量（m³/hm²）

优势树种地区	小计	杉木	马尾松	湿地松	国外松	桉树	黎蒴	速相思	南洋楹	木麻黄	荷木	其他软阔	台湾相思	其他硬阔	针叶混	针阔混	阔叶混
广东省	62.6	91.0	69.3	67.4	72.5	64.8	29.6	82.6	66.9	82.4	53.9	54.3	79.1	99.1	70.4	56.3	56.8
广州市	58.5	103.4	66.2	51.3	-	49.7	48.6	88.4	52.4	-	54.0	49.5	-	177.1	60.5	61.4	52.0
深圳市	58.8	61.8	58.9	-	-	75.9	-	81.8	33.6	-	16.3	50.6	-	225.0	-	32.9	32.3
珠海市	91.8	149.5	44.0	111.2	143.6	106.3	-	84.8	-	-	64.5	90.8	82.4	106.8	83.5	103.4	-
汕头市	30.9	83.8	31.7	47.9	-	23.9	-	23.5	-	30.6	62.6	23.4	-	-	-	24.7	34.4
韶关市	73.7	99.1	87.1	110.1	114.9	59.8	47.0	-	49.6	-	76.7	61.6	-	99.4	91.3	70.4	65.3
河源市	52.1	51.4	50.5	47.4	70.5	60.2	44.2	-	-	-	40.9	52.9	-	-	50.6	50.5	53.1
梅州市	50.6	58.4	59.5	48.2	46.9	49.2	22.9	57.1	23.6	59.3	41.7	54.0	-	120.9	56.5	42.5	49.5
惠州市	47.8	99.2	69.3	52.7	-	42.9	11.2	33.8	69.8	66.0	31.1	46.8	-	180.0	34.8	50.6	50.1
汕尾市	36.1	65.5	16.4	43.2	-	35.3	32.0	17.3	0.0	33.9	35.0	28.7	55.4	213.3	43.2	25.9	32.9
东莞市	89.6	39.8	50.7	78.8	-	88.1	-	118.2	159.0	-	148.5	34.3	-	-	51.6	58.4	64.4
中山市	81.3	134.8	36.4	84.1	-	70.0	-	96.4	-	-	-	65.7	-	-	62.7	74.1	61.7
佛山市	76.2	138.5	66.0	84.4	32.5	75.2	-	26.9	30.9	162.0	102.4	47.0	-	134.0	115.9	86.4	62.9
阳江市	67.2	96.2	47.8	71.2	89.7	50.9	0.0	68.7	59.7	96.1	48.5	59.8	-	88.2	69.8	52.1	51.1
湛江市	88.7	-	61.5	88.4	122.0	87.7	-	92.0	-	122.8	-	74.2	-	48.4	-	92.2	145.8
茂名市	76.6	100.7	85.6	66.3	65.9	57.3	2.7	30.5	59.1	84.7	56.4	62.3	-	-	91.7	67.5	46.6
肇庆市	64.6	85.2	66.3	70.2	-	71.2	15.8	81.1	28.9	-	65.4	57.7	-	92.8	73.5	65.6	61.2
清远市	74.2	122.2	81.0	90.0	73.7	67.5	47.7	37.7	-	-	78.8	58.2	-	92.6	91.2	65.4	62.8
潮州市	78.4	78.4	44.0	43.2	37.5	48.1	-	54.4	17.3	49.6	57.2	24.5	55.0	-	-	43.0	37.0
揭阳市	37.0	38.3	36.3	40.4	33.0	30.7	31.6	47.2	-	58.1	31.9	30.0	58.1	166.7	42.3	35.6	34.9
云浮市	56.1	63.1	57.9	58.0	34.1	57.2	39.6	38.6	-	-	53.2	42.4	-	62.5	67.4	56.5	49.6
省属林场	82.4	124.9	59.6	69.4	-	86.9	66.5	94.0	-	-	39.2	54.3	-	80.6	84.9	75.7	64.0

地生态系统对全球变化的显著响应，建立了生态生理模型和植被对气候响应的植物
生态生理机制。

表4-9　广东省各地区森林固碳释氧量($\times10^4$t/a)

地市	固碳	吸收二氧化碳	释放氧气
广东省	3418.27	12533.66	8499.73
广州市	101.21	374.48	252.01
深圳市	24.97	91.64	61.84
珠海市	12.59	46.21	30.84
汕头市	20.21	74.17	50.09
韶关市	451.37	1656.53	1126.63
河源市	420.98	1544.99	1054.77
梅州市	384.63	1411.59	957.74
惠州市	248.05	910.34	620.15
汕尾市	69.75	255.98	173.00
东莞市	14.62	53.65	35.61
中山市	11.05	40.55	27.58
江门市	129.50	475.27	320.98
佛山市	21.08	77.36	52.24
阳江市	146.34	537.07	364.29
湛江市	90.58	332.43	226.17
茂名市	157.10	576.56	384.96
肇庆市	336.86	1236.28	835.68
清远市	446.07	1637.08	1106.03
潮州市	57.46	210.88	141.99
揭阳市	85.45	313.79	210.80
云浮市	140.99	511.43	347.81
省属林场	47.42	174.03	118.52

表4-10　广东沿海木麻黄的碳收支[kg/(m²·a)]

GPP	NPP	总NEE	根与微生物呼吸量	根系呼吸量	微生物呼吸量	枯落物分解量	土壤碳积累量
1.4167	0.6028	0.4351	0.1913	0.0235	0.1678	0.3366	0.1688
1.4412	0.6143	0.4444	0.1935	0.0236	0.1699	0.3408	0.1709
1.4158	0.6029	0.4350	0.1913	0.0235	0.1679	0.3368	0.1689
1.4297	0.6044	0.4368	0.1911	0.0236	0.1676	0.3362	0.1686
1.4382	0.6141	0.4457	0.1919	0.0235	0.1684	0.3378	0.1694

4.3.4.5　广东省碳汇潜力预测

基于CCSM3的预测结果和Miami模型实现对广东省当前和未来(1980~2099)
潜在NPP的估算。图4-14显示了广东省未来潜在NPP相对于1980年NPP的变化差

值。结果表明潜在 NPP 年际变化较大，总体变化趋势不明显。受未来气候变化的影响，广东省潜在 NPP 有先减少后增加的趋势，在未来的 90 年里，潜在碳汇现有微弱地减少，之后又表现出微弱地增加。以上预测都是基于 B1 情景模式。如果人类社会采取其他的发展模式，广东省潜在碳汇有可能表现出不同的结果。

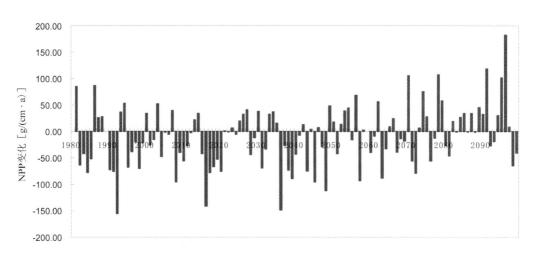

图 4-14　广东省未来潜在碳汇相对 1980 年的变化

4.4　气候变化与生物多样性

4.4.1　研究意义

气候变化是仅次于土地利用变化，影响生物多样性的第二个重要因素（Sale et al.，2000）。气候变化对中国陆地生态系统植被的影响研究结果表明，温带落叶针叶林、常绿、热带森林明显向北移动，苔原减少，热带干草原有扩展的趋势（Weng et al.，2006）。由于人为破坏加剧，加之气候变化及其造成的洪涝、干旱、雨雪冰冻等灾害天气的剧烈影响，全球天然植被特别是森林植被的分布面积锐减，生物多样性不断加剧丧失。研究广东省气候变化的特点，寻找其中影响生物多样性的主因，提出应对气候变化的生物多样性保护措施，具有重大现实意义。

4.4.2　研究方法

4.4.2.1　技术路线

技术路线见图 4-15。

4.4.2.2　气候因子观测与预测

发生变化的主要气候因素包括：①气温：年平均、最高、最低、季节分布等；②降水：年平均、最大、最小、季节分布等；③气候变化引起的洪涝、干旱、雨雪冰冻等灾害天气的发生情况。通过各生态网络内各定位站布设的气象观测设施进行

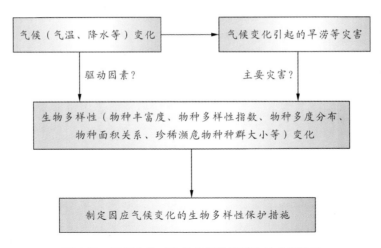

图4-15　气候变化对生物多样性的影响技术路线图

观测。

　　首先采用气候变化模型得出了未来气象因子的变化数据，特别是未来温度和降水的预测数据，进而在GIS软件中分析得出气候变化相对剧烈的区域，然后基于大量研究数据分析气候变化敏感区域观测到的生物多样性存在的威胁。

4.4.2.3　生物多样性监测

　　生物多样性变化的评估指标主要方面包括：物种（动物、植物和微生物）丰富度，物种多样性指数，物种多度分布，物种面积关系，特有、珍稀、濒危生物的种类及其种群大小、空间分布格局。

　　生物多样性对气候变化的响应包括：①探寻生物多样性变化的气候驱动因素；②比较不同森林类型对气候变化响应能力的差异；③研究一些特有、珍稀或濒危树种对气候变化的响应；④探讨气候变化引起的次生灾害（洪涝、干旱、雨雪冰冻等）对生物多样性的危害；⑤评估自然保护区网络、物种迁移路径和生态廊道等对缓解气候变化的作用；⑥考察特有、珍稀或濒危树种的迁地保护措施对生物多样性适应气候变化的效用。

4.4.3　研究结果

4.4.3.1　广东省未来气候预测

　　根据全球气候变化模型模拟广东省在B1情景模式下未来降水量的大小，并以1980年为基准分析广东省未来年降水量相对于1980年的变化。结果表明广东省未来降水年际间差异较大，但总体趋势变化表现不明显。未来降水呈略减少后又略增加的趋势（图4-16）。

　　根据全球气候变化模型模拟广东省在B1情景模式下未来温度的大小，并以1980年为基准分析广东省未来年平均气温相对于1980年的变化。结果表明广东省

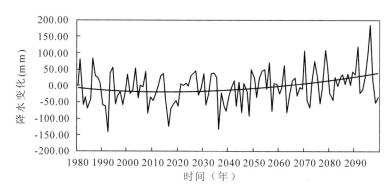

图 4-16　基于 CCSM3 预测的广东省降水相对于 1980 年降水的差值

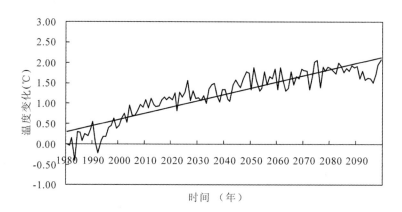

图 4-17　基于 CCSM3 预测的广东省年平均气温相对于 1980 年温度的差值

未来年平均气温年际间差异较大，但总体呈明显的增长趋势。B1 情景描述了一个趋同的世界，全球人口数量峰值出现在本世纪中叶，新的和更高效的技术被迅速引进，但经济结构向服务和信息经济方向更加迅速地调整。根据 B1 情景模式下的预测，广东省在未来的 2099 年，年平均气温相对于 1980 年升高约 2℃（图 4-17）。

4.4.3.2　不同群落类型物种多度分布模拟

群落中物种多度分布（SAD）和种群空间格局是生态学中两个基本问题。已有许多数学模型描述这两种格局，但仍有一些问题未能解决，如一些模型的拟合方法和应用。为更好地模拟 SAD，基于广泛使用的具有 $\exp(-x^2)$ 形式的对数正态（LN）分布，提出分别具有简单的 x^{-2} 和 e^{-x} 形式的对数柯西（LC）和对数双曲正割（LS）模型。由于参数估计困难，泊松对数正态（PLN）型 SAD 研究很少，这里设计出一个通过最大或然法估计参数的"试值法"程序。还基于上述分布的左截断推导出整个群落中理论总物种数 S^* 的估计公式。

群落 SAD 模拟采用南亚热带地区（肇庆市鼎湖山和封开县黑石顶）6 个森林群落的种多度数据（表 4-11 至表 4-13，图 4-18、图 4-19）。研究表明：①LC、LS 和 LN

分布均适合种－多度数据，但前两者更佳；②关于 S^* 估计，积分法与求和法几乎一致，可用简单的积分公式计算 S^*，并可用含 S^* 的转换模型估计其渐近标准误；③从 LC、LS 到 LN 分布可组合成一个"序列分布集"用于模拟各种群落的 SAD，因为三者在分布顶部、侧边和尾部具有不同表现；④热带亚热带森林群落具有相似结构特性（如 SAD）；⑤数学上比 LN 分布更合理的 PLN 分布能模拟拥有少数富有种和许多稀有种且多样性高的群落的 SAD，其参数 σ 的倒数可作为物种多样性的一个度量指标（Yin 等，2005a、b；殷祚云，2005）。

所用模型 LC、LS、LN 和 PLN 分别表示为：

$$S(R) = \frac{S_m}{1 + \alpha^2 (R - R_m)^2} \tag{4-1}$$

$$S(R) = S_m sech[\alpha(R - R_m)] \tag{4-2}$$

$$S(R) = S_m \exp[-\alpha^2 (R - R_m)^2] \tag{4-3}$$

$$P_r = \int_0^\infty \left(\frac{\lambda^r e^{-\lambda}}{r!}\right) \left\{\frac{1}{\lambda \sigma \sqrt{2\pi}} \exp\left[-\frac{(\ln\lambda - \mu)^2}{2\sigma^2}\right]\right\} d\lambda \tag{4-4}$$

式中：$R \in (-\infty, \infty)$；R_m——众数倍程（modal octave），即分布曲线沿着横轴的位置；

S_m——在众数倍程的种数，或曲线的高度；

α——一个描述分布伸展程度（amount of spread）的常数；

μ 和 σ^2——正态分布的均值和方差；

P_r——物种由 r 个成员代表的概率，$r = 0, 1, 2, \cdots$。

表4-11　广东封开县黑石顶自然保护区 5 个永久群落样地物种多度数据的对数柯西（LC）、对数双曲正割（LS）、对数正态（LN）分布拟合结果

		S_m				α				R_d^2
		S_m	SE	t	P	α	SE	t	P	
LC	A	11.57	0.69	16.86	< 0.001	0.874	0.081	10.74	< 0.001	0.972
	B	13.61	1.72	7.89	< 0.001	0.572	0.127	4.51	0.004	0.866
	C	11.08	0.94	11.81	< 0.001	0.604	0.089	6.80	< 0.001	0.936
	D	10.20	0.57	17.89	< 0.001	0.498	0.050	9.91	< 0.001	0.966
	E	17.83	2.07	8.60	< 0.001	0.466	0.100	4.66	0.003	0.854
LS	A	11.39	0.88	12.90	< 0.001	1.104	0.123	8.95	< 0.001	0.952
	B	13.23	1.68	7.89	< 0.001	0.703	0.145	4.87	0.003	0.847
	C	10.74	1.02	10.55	< 0.001	0.739	0.113	6.53	< 0.001	0.910
	D	9.74	0.66	14.87	< 0.001	0.582	0.065	9.01	< 0.001	0.943
	E	16.67	1.98	8.41	< 0.001	0.514	0.104	4.96	0.003	0.823

（续）

		S_m				α				R_d^2
		S_m	SE	t	P	α	SE	t	P	
LN	A	11.25	1.02	11.07	< 0.001	0.689	0.082	8.40	< 0.001	0.933
	B	13.03	1.72	7.56	< 0.001	0.441	0.087	5.07	0.002	0.816
	C	10.45	1.10	9.52	< 0.001	0.449	0.070	6.39	< 0.001	0.876
	D	9.25	0.77	12.06	< 0.001	0.327	0.040	8.15	< 0.001	0.901
	E	15.61	1.96	7.97	< 0.001	0.277	0.052	5.29	0.002	0.779

注：S_m 和α：模型参数；SE：渐近标准误；R_d^2：决定系数；t 和 P：t 检验及其概率。

表4-12 广东肇庆市鼎湖山自然保护区常绿针阔叶混交林永久群落样地不同层次的种多度统计数据

层次	A（m^2）	S	N	Min	Max	Med	Mod	M	SD	V/M	CV	Sk	Ku
乔木层	10 000	69	3 890	1	772	3	1	56.38	138.99	342.65	2.47	3.60	13.94
灌木层	625	39	428	1	83	3	1	10.97	18.47	31.07	1.68	2.66	6.97
草本层	25	32	151	1	29	2	1	4.72	5.94	7.47	1.26	2.60	8.40

注：A、S 和 N：总的面积、种数和个体数；Min、Max、Med、Mod、M、SD、V/M、CV、Sk 和 Ku：每种个体数的最小值、最大值、中值、众数、标准差、方差/均值比率和变异系数、偏态和峰态。

表4-13 广东肇庆市鼎湖山自然保护区常绿针阔叶混交林永久群落样地三个层次的多样性、均匀性指数以及种多度数据的泊松对数正态分布模拟

层次	DSW	ESW	DSim	ESim	σ	μ	卡方检验			P_0	S^*
							χ^2	df	$P(\chi^2)$		
乔木层	3.923	0.642	0.899	0.912	3.868	−2.385	3.767	5	0.583	0.673	211
灌木层	4.010	0.759	0.904	0.927	2.290	−0.386	3.703	2	0.157	0.478	75
草本层	4.207	0.841	0.921	0.951	1.728	−0.413	2.660	1	0.103	0.483	62

注：DSW、ESW、DSim 和 ESim：分别表示基于 Shannon – Wiener 和 Simpson 指数的多样性和均匀性测度（DSW 和 ESW 是用 $\log_2$ 计算）；σ 和 μ：两个分布参数；P_0：没有个数的概率；S^*：理论上的物种总数。

华南地区退化草坡自然恢复过程中物种多度格局的动态及其模拟，尚缺乏较为系统的研究。探讨是否不同演替阶段群落适合不同的种多度模型，是否存在一个最佳模型以揭示演替过程中群落结构的某些内在数量特征，具有理论和实践意义；还需推导多个模型的对数尺度转换形式。为此，在地处南亚热带的鹤山退化草坡选取处于不同演替阶段的2个典型群落样地，分木本层和草本层调查每个维管植物种的多度；且选择7个具有不同函数形式和广泛代表性的种多度模型，均在倍程（即 $\log_2$）尺度下拟合数据，运用卡方检验和调整决定系数评估各个模型的适合性（表4-

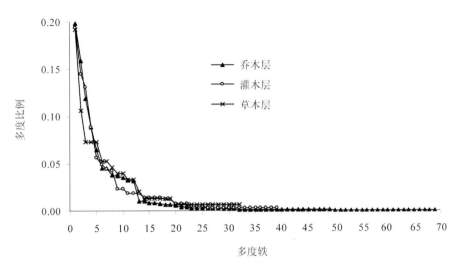

图4-18　广东肇庆市鼎湖山自然保护区常绿针阔叶混交林永久群落样地乔灌草
三个层次的种多度（Rank－abundance）曲线

14，图4-20至图4-22）。结果表明：①7个模型的适合性顺序为：对数柯西（LC）＞对数双曲正割（LS）＞对数正态（LN）＞对数级数（LSer）＞生态位优先占领（GS）＞断棒（BS）＞重叠生态位（ON），其中对数柯西适合全部数据，重叠生态位则全部不适合；②各模型适合与否和演替阶段无关；③左截断对数柯西模型预测的种多度分布显示，随着群落演替，上层（乔木层）罕见种比例减少、常见种比例增多，下层（草本层）则相反，这与实际相符。对数柯西分布具有普适性，能最好地反映退化草坡自然恢复中种多度分布的格局与动态（殷祚云等，2009）。

在七个模型的组合中，除上述LC、LS和LN模型外，在以2为底的对数尺度，其他模型表示如下：

（1）生态位优先占领（GS）

$$S(R) = S_m \tag{4-5}$$

式中：S_m——常数（下同）。这是统计学上的均匀分布。

（2）断棒（BS）

$$S(R) = S_m \exp(-2^R \alpha + R\ln 2) \tag{4-6}$$

式中：$R \in (-\infty, \infty)$；α与C、S_m一样为常数（下同）。

（3）重叠生态位（ON）

$$S(R) = S_m\left(1 - \frac{2^R}{N_{(R)}}\right)2^R \tag{4-7}$$

式中：$R \in (-\infty, R_{max}]$，R_{max}——观察的最大倍程；

$N(R)$——转换为倍程尺度后计算的总个体数，即$N(R) = \sum 2^R Sobs(R)$，其中$Sobs(R)$为第R个倍程的观察种数。

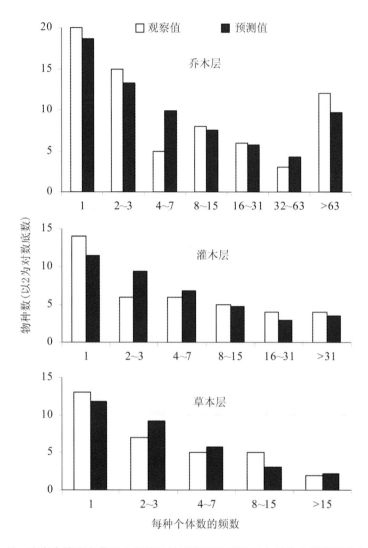

**图 4-19　广东省肇庆市鼎湖山自然保护区常绿针阔叶混交林永久群落样地在对数
尺度的物种多度分布及其泊松对数正态分布模拟**

（4）对数级数（LSer）
$$S(R) = S_m\alpha^{2^R}$$ (4-8)
式中：$R \in [0, \infty)$。

表4-14　七个模型拟合广东省鹤山两个群落木本层和草本层种多度数据的适合性比较

样地	群落	层次	GS	BS	ON	LSer	LN	LC	LS
HL	草坡	木本层	0.000	0.555	− 0.741	0.659	0.714 *	0.752 *	0.730 *
HL	草坡	草本层	0.000 *	0.523	− 1.790	0.319 *	0.464	0.608 *	0.530 *
HZ	灌丛	木本层	0.000 *	0.297	− 1.631	0.725 *	0.766 *	0.765 *	0.774 *
HZ	灌丛	草本层	0.000	0.794 *	− 0.623	0.610	0.775 *	0.800 *	0.776

注：HL——鹤山龙门岭荒草坡样地；HZ——鹤山站内草坡永久样地；GS——生态位优先占领模型；BS——断棒模型；ON——重叠生态位模型；LSer——对数级数分布；LN——对数正态分布；LC——对数柯西分布；LS——对数双曲正割分布。表中数值为调整决定系数 Rad2，其中 GS 模型因无自变量，故均为 0 值； * 表示拟合的分布模型在 $P < 0.05$ 水平通过卡方适合性检验。

图4-20　广东鹤山两个群落木本层和草本层中观察与拟合的种－多度分布

（Observed. 观察的种数，Fitted. 所拟合模型预测的种数）

4.4.3.3　优势乔木种群增长模拟

Logistic、Mitscherlich、Gompertz 方程是一类三参数饱和增长曲线模型，广泛地应用于许多学科领域。基于 logistic 方程饱和值 K 估计的三点法、四点法，推导出 Mitscherlich、Gompertz 方程 K 值的三点法、四点法估计公式，并以位于广东肇东市

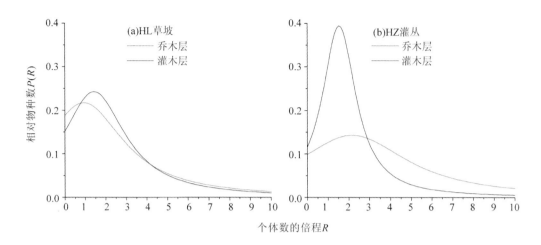

图4-21 倍程尺度下左截断对数柯西模型预测的种－多度分布：
广东鹤山同一群落不同层次之比较

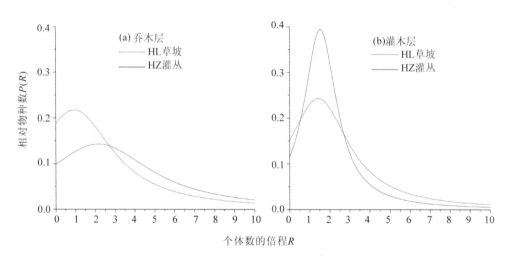

图4-22 程尺度下左截断对数柯西模型预测的种－多度分布：
广东鹤山不同群落同一层次之比较

鼎湖山的南亚热带季风常绿阔叶林中两种优势乔木厚壳桂、黄果厚壳桂种群为例，先用三点法或四点法估计出 K 值，再通过线性回归与非线性回归相结合的方法，可获得三个增长模型中三个参数的最优无偏估计（表4-15）。研究表明，两个优势种群增长数据均符合三个增长模型，但更符合增长曲线呈 S 形的 logistic、Gompertz 方程，且以 logistic 方程最佳（表4-16）；黄果厚壳桂种群增长快于厚壳桂种群（殷祚云等，2006）。

Logistic、Mitscherlich、Gompertz 分别表示为：

（1）Logistic 方程

$$N = \frac{K}{1 + be^{-ct}} \tag{4-9}$$

式中：N——密度、个体数、生物量或其他指标；

t——时间、温度等序列；

c——常数，称为内禀自然增长率或瞬时增长率；

K、b——常数，其中 K 为饱和值（或渐近参数），称为环境负载力或容纳量。

设实测数据系列中的两端和中间有三点 (t_1, N_1)、(t_2, N_2)、(t_3, N_3)，其中时间、温度等自变量成等差数列，即 $t_2 - t_1 = t_3 - t_2$（令 $t_1 < t_2 < t_3$）。则有：

$$\ln\frac{K - N_1}{N_1} - \ln\frac{K - N_2}{N_2} = \ln\frac{K - N_2}{N_2} - \ln\frac{K - N_3}{N_3} \tag{4-10}$$

当 $K \neq 0$ 时，解此关于 K 的一元方程，可得到：

$$K = \frac{2N_1N_2N_3 - N_2^2(N_1 + N_3)}{N_1N_3 - N_2^2} \quad (t_2 - t_1 = t_3 - t_2) \tag{4-11}$$

即为 logistic 增长模型中 K 的三点法估计公式。

又设实测数据系列中的两端和中间有四点 (t_1, N_1)、(t_2, N_2)、(t_3, N_3)、(t_4, N_4)，满足 $t_2 - t_1 = t_4 - t_3$（令 $t_1 < t_2 < t_3 < t_4$）。可得：

$$\ln\frac{K - N_1}{N_1} - \ln\frac{K - N_2}{N_2} = \ln\frac{K - N_3}{N_3} - \ln\frac{K - N_4}{N_4} \tag{4-12}$$

当 $K \neq 0$ 时，解此关于 K 的一元方程，可得到：

$$K = \frac{N_1N_4(N_2 + N_3) - N_2N_3(N_1 + N_4)}{N_1N_4 - N_2N_3} \quad (t_2 - t_1 = t_4 - t_3) \tag{4-13}$$

即为 logistic 增长模型中 K 的四点法估计公式。

（2）Mitscherlich 方程

$$N = K(1 - be^{-ct}) \tag{4-14}$$

式中：N、t、K、b、c 意义同上。

同理可推导出 Mitscherlich 增长模型中 K 的三点法、四点法估计公式：

$$K = \frac{N_1N_3 - N_2^2}{(N_1 + N_3) - 2N_2} \quad (t_2 - t_1 = t_3 - t_2) \tag{4-15}$$

$$K = \frac{N_1N_4 - N_2N_3}{(N_1 + N_4) - (N_2 + N_3)} \quad (t_2 - t_1 = t_4 - t_3) \tag{4-16}$$

（3）Gompertz 方程

$$N = K\exp(-be^{-ct}) \tag{4-17}$$

式中：N、t、K、b、c 意义同上。

同样可推导出 Gompertz 增长模型中 K 的三点法、四点法估计公式：

$$K = \exp\left[\frac{\ln N_1 \ln N_3 - (\ln N_2)^2}{\ln(N_1 N_3) - 2\ln N_2}\right] \quad (t_2 - t_1 = t_3 - t_2) \tag{4-18}$$

$$K = \exp\left[\frac{\ln N_1 \ln N_4 - \ln N_2 \ln N_3}{\ln(N_1 N_4) - \ln(N_2 N_3)}\right] \quad (t_2 - t_1 = t_4 - t_3) \tag{4-19}$$

表 4-15　种群增长模型中饱和值 *K* 的三点法、四点法估计

增长模型	厚壳桂		黄果厚壳桂	
	三点法[a]	四点法[b]	三点法[a]	四点法[b]
Logistic	3.08	106.40	901.40	602.95
Mitscherlich	30.54	115.75	−1869.24	619.43
Gompertz	23.34	109.68	1348.62	609.52

注：a. 三点法取 1955、1967 和 1979 年的数据；b. 四点法取 1963、1967、1978 和 1982 年的数据。

表 4-16　种群增长模型线性化方程的线性回归结果 *

树种/模型	线性化	*K*	*b*	*c*	R^2	*F*	*P*
厚壳桂/Logistic	$\ln[(K-N)/N] = \ln b - ct$	106.40	2.4295	0.1325	0.957	156.52	0.000
厚壳桂/Mitscherlich	$\ln(K-N) = \ln(Kb) - ct$	115.75	0.8116	0.0649	0.947	125.22	0.000
厚壳桂/Gompertz	$\ln(\ln K - \ln N) = \ln b - ct$	109.68	1.3651	0.0979	0.952	140.00	0.000
黄果厚壳桂/Logistic	$\ln[(K-N)/N] = \ln b - ct$	602.95	1.9860	0.1456	0.908	69.37	0.000
黄果厚壳桂/Mitscherlich	$\ln(K-N) = \ln(Kb) - ct$	619.43	0.7745	0.0920	0.901	63.43	0.000
黄果厚壳桂/Gompertz	$\ln(\ln K - \ln N) = \ln b - ct$	609.52	1.2101	0.1181	0.905	66.31	0.000

* 模型拟合时令 1955 年为 $t = 0$；*K*. 用四点法估计；R^2. 回归方程决定系数；*F. F* 比；*P. F* 检验的显著性概率。

4.4.3.4　未来气候变化对生物多样性的影响

在 B1 情景模式全球尺度下 CCSM3 气候变化模型的预测结果表明（图 4-23），非洲大部、南美洲北部、加勒比海区域、东南亚、北美洲东部和东欧北部变暖趋势最显著。预计赤道带上和大多数北半球高纬度地区的变暖幅度最大，而北半球温带区域变暖幅度最小。全球平均而言预计未来将以每 10 年增加 0.2℃ 的速度变暖。该预测结果在 IPCC 众多模型的预测范围之内。

通过全球尺度气候变化模型对未来 20 年（2080～2099 年）的全球降雨量预测的平均结果表明，在人口更为稠密的中纬度地区和一些半干旱低纬地区，如加勒比海区域和地中海区域，干旱增多，可能对生物多样性造成一定的影响。在热带潮湿地区和高纬度大部分地区，降雨量将会增加，该地区可用水也会增加。然而，未来许多区域的暴雨事件将显著增多，使某些山区流域系统更加脆弱。泥石流、山崩等自然灾害频发使得水土流失现象更加严重，影响生物多样性。

生物多样性面临的 5 种主要压力长期存在，有时还会加剧，这进一步证明，生物多样性丧失的速度没有显著下降。向《生物多样性公约》递交报告的绝大多数政府提及了这些影响生物多样性的直接因素：生境的消失和退化、气候变化、过度养分负担和其他形式的污染、过度开发和不可持续的利用、外来入侵物种。在未来气候变化的条件下，约一半的生物多样性热点区域将经受温度显著增加，但降水显著减少的情景，而另一半却经受温度显著增减，但降水显著增加的情况。但即使是在温度显著增加的区域，也有可能遭受到季节性的干旱。

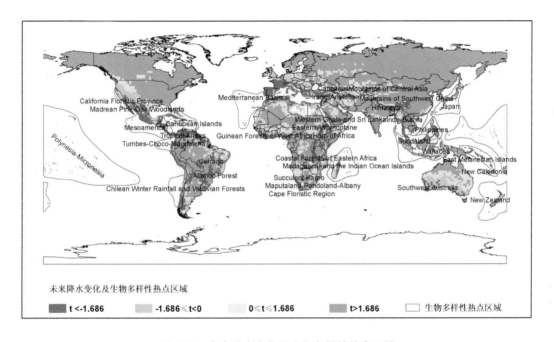

图 4-23　未来降水变化及生物多样性热点区域

4.5　森林净化大气效应

4.5.1　研究意义

城市森林不仅能美化环境，而且具有吸收空气中的有害气体、吸附颗粒物、调节气候、吸声降噪等环境生态功能。随着城市化进程的加速和城市环境问题的加剧，城市森林所产生的生态效应被广泛认识，如何更好地发挥其环境生态功能对城市可持续发展有着重要意义。以城市森林生态系统为研究对象，通过野外定位观测和室内人工模拟熏气试验，定量分析城市森林对空气中有害气体的净化效应，旨在探索城市森林环境效应研究的新方法，并客观阐明城市森林在改善城市生态环境中发挥的作用，并为评价城市森林质量进而改进森林结构、使其发挥最佳的环境效应提供科学依据。

4.5.2 研究方法

4.5.2.1 技术路线

技术路线见图4-24。

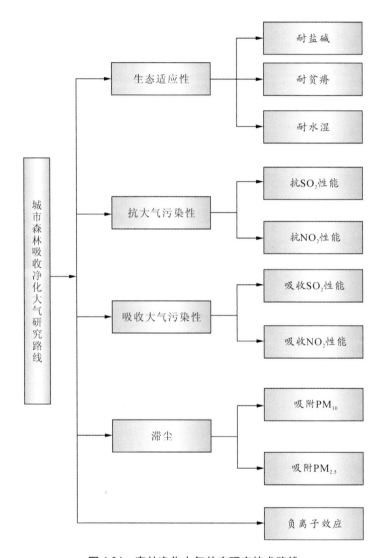

图4-24 森林净化大气效应研究技术路线

4.5.2.2 野外观测

（1）森林负离子和滞尘效应野外观测

在典型森林植被观测区选择有3个以上有代表性的观测点。采用多台空气负离子浓度仪和空气粉尘仪对不同观测点空气负离子和空气粉尘进行同步观测，在同一观测点观测相互垂直的4个方向，仪器稳定后每个方向连续记录4个正、负离子浓度和空气粉尘浓度波峰值，4 个方向共 16 个数据的平均值为此测点的正、负离子和空气粉尘浓度值。观测频度为每月 1 次，每次 3～5d，选择晴朗稳定的天气，观测从 6:00～18:00，每 2h 1 次。

（2）森林吸污效应

选择城市空气污染严重的区域有代表性的植物，并在生长季采摘有伤害的成熟叶作为硫吸收阈值样本，同时，选择城市非污染区，采集同样树种的成熟叶作为硫吸收本底值样本。污染区与清洁区植物叶硫含量差值为植物叶片吸硫强度。

4.5.2.3　大气污染环境高精度控制模拟

采用野外定位观测和室内人工模拟熏气试验（大气污染环境高精度控制模拟）相结合的方法开展森林吸污效应研究。人工模拟熏气试验：通过人为控制污染物浓度的方法，进行大气污染低浓度条件下植物对污染物的吸收净化能力和大气污染高浓度条件下植物对大气污染的抗性研究，筛选出抗大气污染能力强和吸收净化效果好的树种。

4.5.3　研究结果

4.5.3.1　森林负离子效应

空气负离子具有杀菌、降尘、清洁空气的功效，被誉为"空气维生素和生长素"。空气负离子对生命必不可少，对人体健康十分有益，其浓度水平已成为评价空气清洁程度的指标。森林中的空气负离子是一种无形的、高科技的、重要的森林旅游资源。在长潭自然保护区和蕉岭县城，采用 AIC1000 型空气负离子浓度仪，对空气负离子浓度进行了测定，结果见表 4-17。空气负离子浓度均值：长潭自然保护区为 4319 个/cm³、蕉岭城区为 866 个/cm³，长潭自然保护区空气负离子浓度为蕉岭县城的 4.99 倍；长潭自然保护区瀑布周围负离子浓度 8000～9000 个/cm³，而静态水面（库区水面）负离子浓度仅为 2440 个/cm³；阔叶混交林负离子浓度大于松杉林，分别为 3300 个/cm³ 和 2610 个/cm³；长潭自然保护区空气质量评价等级为 A。

表 4-17   长潭自然保护区与蕉岭县城空气负离子浓度(× 10^3 个/cm^3)

地点	样点	正离子浓度	负离子浓度	q	CI	等级	备注
长潭自然保护区	办公区	2.21	2.46	0.90	2.73	A	
	水库水面	2.43	2.44	0.99	2.45	A	
	牛键坑	2.69	8.92	0.30	29.59	A	
	龙飞畲	2.50	2.69	0.93	2.90	A	
	大坑里瀑布	2.61	8.89	0.29	30.31	A	
	桫椤谷	3.55	4.55	0.78	5.84	A	
	桫椤谷庭院	2.58	3.56	0.72	4.91	A	
	澳洲山庄	2.20	2.00	1.10	1.82	A	
	水电站瀑布	4.22	8.22	0.51	16.02	A	
	保护区入口处	1.73	2.19	0.79	2.77	A	
	松杉林	1.65	2.61	0.63	4.15	A	
	阔叶林	2.57	3.30	0.78	4.23	A	
	龙溪村	2.55	4.10	0.62	6.59	A	
蕉岭县城	龙门广场	1.41	1.42	0.99	1.43	A	
	桂岭花园	1.62	1.74	0.93	1.86	A	
	镇山公园	1.83	2.35	0.78	3.03	A	
	新世纪花园	1.51	1.66	0.91	1.82	A	
	桂岭花园	1.62	1.74	0.93	1.86	A	
	县城商业区	0.97	1.06	0.91	1.16	A	

注：CI. 空气质量评价指数；q. 单极系数；A. 最清洁。

4.5.3.2   森林滞尘效应

森林的滞尘作用表现为：一方面由于森林和树木的枝叶茂密，可以阻挡气流和减低风速，随着风速的降低，烟尘在大气中失去移动的动力而降落；另一方面树木叶片有一个较强的蒸腾面，晴天要蒸腾大量水分，使树冠周围和森林表面保持较大湿度，使烟尘湿润增加重量，这样烟尘较容易降落吸附。同时树木的花、果、叶、枝等能分泌多种黏性汁液，起到黏着、阻滞和过滤作用。

表 4-18   2006 年从化逸泉山庄空气粉尘(PM10)质量监测[mg/(m^3·min)]

类型	08:30	10:30	12:30	14:30	16:30	平均
常绿阔叶林	0.105	0.090	0.095	0.101	0.119	0.102
针阔混交林	0.100	0.089	0.084	0.092	0.096	0.092
草坪	0.128	0.121	0.113	0.115	0.116	0.119
道路	0.132	0.127	0.119	0.120	0.117	0.123

2006 年，采用 PC－3A 型激光可吸入粉尘连续测试仪，对研究网络内珠三角森林生态系统站覆盖的区域从化逸泉山庄常绿阔叶林、草地和道路交通空气粉尘含量进行了测定，结果见表 4-18。从表 4-18 可以看出，针阔混交林空气粉尘（PM10）含量最低，为 0.092mg/（m³·min），其次为常绿阔叶林，而道路粉尘含量最高为 0.123mg/（m³·min）。

2007 年，采用 PC－3A 型激光可吸入粉尘连续测试仪对研究网络内珠三角森林生态系统站覆盖的区域平沙镇森林公园 19 个样地和平沙镇广场空气粉尘测定，结果表明，粉尘浓度最大值出现在阔叶大叶相思样地，浓度为 10 960 个/L，其主要原因是受周围工业污染影响；其次为平沙镇广场，浓度为 6 352 个/L，主要原因是受来往行人与汽车影响；最小值出现在湿地松样地，浓度为 2 986 个/L，大叶相思样地粉尘浓度为湿地松样地粉尘浓度的 3.67 倍；除大叶相思样地外，森林公园其他样点空气粉尘浓度平均值为 4 843 个/L，远小于平沙广场浓度值。

4.5.3.3 树种吸硫效应

通过对清洁区和污染区园林绿化树种叶片含硫量的测量，分析树种吸硫效应，详见表 4-19。其中，单位质量叶片吸硫强度最高为灰莉和澳洲鸭角木，其次为尖叶杜英、幌伞枫和黄槿，吸硫强度较低的是垂叶榕、小叶榕和高山榕。

表 4-19　不同测点园林绿化树种叶片含硫量和吸硫强度（mg/g）

植物	污染区	清洁区	吸硫强度	吸 SO_2 强度
非洲桃花心	3.97	3.28	0.69	1.38
白千层	5.87	5.36	0.51	1.02
澳洲鸭脚木	5.83	3.39	2.44	4.88
鸡冠刺桐	2.55	1.95	0.60	1.20
尖叶杜英	3.42	1.54	1.88	3.76
鸡蛋花	2.14	1.33	0.71	1.42
黄槐	5.06	4.58	0.48	0.96
凤凰木	2.24	1.85	0.39	0.78
黄槿	2.89	1.52	1.37	2.74
高山榕	0.71	0.51	0.20	0.40
盆架子	1.89	1.04	0.85	1.70
夹竹桃	3.62	2.24	1.38	2.76
红绒球	2.40	2.27	0.13	0.26
幌伞枫	3.37	2.65	1.72	3.44
菩提榕	1.14	0.46	0.68	1.36
小叶榕	0.89	0.51	0.29	0.58
黄叶假连翘	2.87	2.46	0.41	0.82
垂叶榕	0.99	0.68	0.31	0.62
灰莉	3.76	1.18	2.58	5.16

5

讨论与结论

5.1 广东森林生态定位观测网络

2003 年广东省率先在全国启动省级森林生态定位站建设以来，已经形成覆盖广东"四江一带"（四江流域和沿海）的森林生态定位观测网络。2006 年广东省林业科学研究院承担了国家唯一的沿海森林生态定位站建设，形成了汕头、汕尾、江门、湛江东海岛、湛江北部湾红树林等沿广东海岸线分布的一站多点的广东沿海森林生态观测体系。2008 年，在北江流域和东江流域森林生态站建设的基础上，根据《国家林业局陆地生态系统定位研究网络中长期发展规划(2008～2020 年)》，申请了国家林业局森林生态研究网络的"广东南岭森林生态站建设"和"广东省东江源森林生态站建设"项目并获批复。森林生态站布局综合考虑温度梯度、降水梯度、植被类型、气候带分区和水系因素，进行野外森林生态站网络布局，开展了通量观测塔、生物多样性样地、标准气象观测场、地表径流场、水量平衡场、测流堰等野外基础设施建设，同时安装了用于水文、土壤、气象和生物观测的仪器设备，形成了森林生态定位观测网络研究平台。

5.2 观测研究与服务功能评估

基于广东森林生态定位观测网络研究平台，开展了森林小气候、森林土壤、森林水文、森林群落、生物多样性和森林健康等方面的专项观测，探讨了广东沿海防护林防护效应、东江流域水源涵养林水文生态功能、广东森林固碳增汇、气候变化与生物多样性、森林净化大气效应等方面的科学问题。同时结合广东省森林资源二类清查数据，辅以森林生态系统定位研究站的长期观测数据集，采用分布式计算方法与 NPP 实测法，从物质量和价值量两个方面，对广东省森林生态服务功能进行了效益评价。结果如下：广东森林生态系统每年涵养水源量为 370.31 亿 m³；固土

32458.65 万 t，减少 N 损失 38.40 万 t，减少 P 损失 17.75 万 t，减少 K 损失 578.21 万 t，减少有机质损失 614.26 万 t；固碳 3418.27 万 t，释氧 8499.73 万 t；林木积累 N 45.12 万 t，积累 P 5.23 万 t，积累 K 23.81 万 t；提供负离子 7.86×1025 个，吸收二氧化硫 121438.56 万 kg，吸收氟化物 10414.31 万 kg，吸收氮氧化物 9217.74 万 kg，滞尘 3763.43 亿 kg。广东省森林生态系统服务功能的价值量和所占比率分别为：涵养水源：3131.41 亿元/a，43.11%；生物多样性保护：1559.56 亿元/a，21.47%；固碳释氧：1260.17 亿元/a，17.35%；净化大气环境：582.97 亿元/a，8.03%；保育土壤：400.99 亿元/a，5.52%；森林游憩：197.67 亿元/a，2.72%；积累营养物质：96.18 亿元/a，1.32%；森林防护：34.06 亿元/a，0.47%。

5.3　后续研究

由于森林生态系统的多样性及结构的复杂性，短期研究难以揭示森林的内部运行机制和各生态因子之间相互作用的机理、机制。森林生态系统的长期定位研究对全面揭示生态系统内部物质循环和能量流动的运行机制和动态变化的客观规律，对其科学地保护和持续地开发利用具有重要意义。广东省森林生态网络的建设为长期研究提供了良好的科研平台，将来需要继续进行时间尺度上的连续观测数据的积累，利用现有的网络化研究的空间尺度优势，在全球变化背景下整合多种生态要素，针对广东省现代林业产业发展的关键性技术问题开展科学研究。

参考文献

1. Adger, W. N. , Hughes, T. P. , Folke, C. , Carpenter, S. R. , Rockstrom, J. . 2005. Social – Ecological Resilience to Coastal Disasters[J]. Science, 309, 1036 – 1039.

2. Dickson, M. , Walkden M. , Hall, J. . 2007. Systemic impacts of climate change on an eroding coastal region over the twenty – first century[J]. Climatic Change, 84, 141 – 166.

3. Ernanuel K. A. . 2005. Increasing destructiveness of tropical cyclones over the past 30 years[J]. Nature, 436, 686 – 688

4. Jacovides, C. P. , Theophilou, C. , Tymvios, F. S. , Pashiardes, S. . 2002. Wind statistics for coastal stations in Cyprus[J]. Theoretical and Applied Climatology, 72, 259 – 263.

5. Webster, P. J. , Holland, G. J. , Curry, J. A, Chang, H. R. . 2005. Changes in tropical cyclone humbet, duration, and intensity in a warming environment[J]. Science, 309, 1844 – 1846.

6. Yin Z, Guo Q, Ren H, Peng S. 2005. Seasonal changes in spatial patterns of two annual plants in the Chihuahuan Desert, USA[J]. Plant Ecology, 178, 189 – 199.

7. Yin Z, Peng S, Ren H, Guo Q, Chen Z. 2005. LogCauchy, log – sech and lognormal distributions of species abundances in forest communities[J]. Ecological Modelling, 184, 329 – 340.

8. Yin Z, Ren H, Zhang Q, Peng S, GUO Q, Gou Y. 2005. Species abundance in a forest community in South China: a case of poisson lognormal distribution[J]. Journal of Integrative Plant Biology Formerly Acta Botanica Sinica, 47(7), 801 – 810.

9. Zhou P, Gan X, Liu Z, Zhang W, Guo L, Li J. 2010. Impact of climate change on precipitation and dryland in the future 90 years[J]. In International Conference on Global Climate Change and Response of Ecosystem, Chifeng, Inner Mongolia. (ISTP).

10. Zhou P, Wei L, Zhang F, Liu Z. 2010. Biomass assessment of Casuarina equisetifolia shelter belt on Coastal Sandy Land in Guangdong Province[J]. The 4th International Casuarina Meeting, 3, 22 – 26, Haikou, China.

11. 班嘉蔚, 殷祚云, 张倩媚, 韦明思. 2008. 广东鹤山退化草坡从草本优势向灌木优势演变过程中的生态特征[J]. 热带地理, 28(2): 129 – 133.

12. 陈建新, 温小莹, 王明怀, 吴泽鹏, 许秀玉, 李军, 黄菊胜. 2006. 韩江中游蕉岭长潭次生常绿阔叶林的结构特征[J]. 广东林业科技, 22(4): 41 – 48.

13. 陈伟光, 张卫强, 李召青, 曾令海, 周平, 周毅, 陈光胜. 2010. 木荷等6种阔叶树种光合生理特性比较[J]. 广东林业科技, 26(4): 12 – 17.

14. 甘先华. 2003. 广东沿海地区复合农林业的现状及发展对策[J]. 防护林科技, (3): 39 – 40.

15. 甘先华. 周毅, 陈远生. 2003. 池杉在海岸带滨海草甸盐渍土中的生长表现[J]. 广东林业科技, 19(3): 11 – 14.

16. 龚峥, 李召青, 王明怀, 吴清, 张伟良. 2006. 珠江三角洲城市森林建设问题探讨[J]. 生态科学, 25(1): 94 – 95.

17. 龚峥, 李召青, 王明怀, 吴清, 张伟良, 叶容标. 2006. 论城市化进程中珠三角的城市森林建设

[J]. 广东林业科技, 22(4): 116 – 120.

18. 韩锡君, 钟锡均, 周毅, 周永文, 黎容根, 马惠娟. 2005. 东莞市大岭山森林公园小气候效应调查 [J]. 广东林业科技, 21(3): 14 – 18.

19. 贾小容, 苏志尧, 陈北光, 张伟良, 周毅. 2006. 帽峰山森林生态系统服务非使用价值核算[J]. 广东林业科技, 22(1): 14 – 21.

20. 贾小容, 苏志尧, 陈北光, 周毅. 2004. 广东省自然保护区 DCA 排序与 UPGMA 聚类研究[J]. 华南农业大学学报(自然科学版), 25(2): 75 – 79.

21. 解丹丹, 张国权, 周毅, 苏志尧. 2009. 粤西桉树人工林土壤水分空间异质性分析[J]. 中南林业科技大学学报, 29(6): 45 – 50.

22. 雷小途, 徐明, 任福民. 2009. 全球变暖对台风活动影响的研究进展[J]. 气象学报, 67(5): 679 – 688.

23. 黎彩敏, 翁殊斐, 苏志尧, 周毅. 2007. 三种园林植物叶形态生理指标及其环境指示作用[J]. 广东林业科技, 23(2): 11 – 15.

24. 李伟民, 甘先华. 2006. 国内外森林生态系统定位研究网络的现状与发展[J]. 广东林业科技, 22(3): 104 – 108.

25. 李召青, 陈淑贤, 周毅, 钟锡均. 2005. 加勒比松造林后土壤肥力变化研究[J]. 广东林业科技, 21(4): 30 – 33.

26. 李召青, 周毅, 彭红玉, 郭乐东, 钟军民, 钟锡均, 汤明霞, 张卫强, 甘先华. 2009. 蕉岭长潭省级自然保护区不同林分类型土壤水分物理性质研究[J]. 广东林业科技, 25(6): 70 – 75.

27. 林观土, 彭彬霞, 韩锡君, 郭乐东, 徐庆华. 2009. 东莞大岭山七种林分凋落物持水量的时空特征 [J]. 广东林业科技, 25(3): 20 – 24.

28. 林观土, 彭彬霞, 韩锡君, 钟锡均, 徐庆华. 2009. 东莞大岭山 7 种林分凋落物的养分动态[J]. 华南农业大学学报, 30(3): 117 – 119.

29. 林义辉, 周毅, 张卫强, 郭乐东. 2009. 西江中下游生态公益林小气候特征[J]. 华南农业大学学报, 30(2): 68 – 72.

31. 彭少麟, 殷祚云, 任海, 郭勤峰. 2003. 多物种集合的种—多度关系模型研究进展[J]. 生态学报, 23(8): 1590 – 1605.

32. 王明怀, 陈建新. 2005. 红椎等 8 个阔叶树种抗旱生理指标比较及光合作用特征[J]. 广东林业科技, 21(2): 1 – 5.

33. 吴建国, 吕佳佳, 艾丽. 2009. 气候变化对生物多样性的影响: 脆弱性和适应[J]. 生态环境学报, 18(2): 693 – 703.

34. 吴立广. 2009. 全球变暖背景下热带气旋强度变化趋势的研究[J]// 第十五届全国热带气旋科学讨论会论文集, 10 – 11.

35. 杨运振, 严朝东, 郑潮明, 林观土, 周毅, 钟锡均. 2009. 东莞大屏嶂森林公园人工林凋落物的持水特性[J]. 广东林业科技, 25(6): 76 – 80.

36. 殷祚云, 任海, 彭少麟, 郭勤峰, 曾令海, 贺骁. 2009. 华南退化草坡自然恢复中物种多度分布的动态与模拟[J]. 生态环境学报, 18(1): 222 – 228.

37. 殷祚云, 任海, 曾令海, 郭勤峰. 2006. 三参数增长模型拟合以季风常绿阔叶林中两个优势乔木种群为例[J]. 生物数学学报, 21(3): 428 – 434.

38. 张坤洪, 欧萍萍, 梁远楠, 钟锡均, 李召青. 2006. 生态环境需水的研究进展[J]. 广东林业科技,

22(3)：81 - 84.

39. 张卫强，李召青，周平，曾令海，王明怀，陈光胜，黎艳明，周毅，郭乐东. 2010. 东江中上游主要森林类型枯落物的持水特性[J]. 水土保持学报，24(5)：130 - 134.

40. 张友胜，黄国阳，郑定华，周毅，苏志尧. 2009. 长潭自然保护区不同功能区森林土壤有机碳分布规律[J]. 热带林业，37(3)：23 - 26.

41. 张友胜，郑定华，李海，周毅，苏志尧. 2009. 广东长潭自然保护区土壤有机碳含量与植被类型的关系[J]. 广东林业科技，25(5)：46 - 49.

42. 中国科学院学部. 2008. 关于气候变化对我国的影响与防灾对策建议[J]. 中国科学院院刊，23(3)：229 - 234.

43. 钟军民，钟锡均，周毅，谢志鸿. 2005. 广东蕉岭长潭自然保护区森林植物资源调查[J]. 广东林业科技，21(4)：13 - 17.

44. 钟锡均，刘永业，张卫强，李召青，郭乐东. 2007. 杉木 3 种更新方法的初步研究[J]. 广东林业科技，23(3)：38 - 41.

45. 周平，张方秋，殷祚云，刘智勇. 2010. 气候变化对生物多样性的影响[J]. 第 13 次全国林木引种驯化暨遗传育种(南方)学术研讨会.

46. 周毅. 2003. 广东生态公益林效益监测研究现状与趋势[J]. 林业科技管理(增刊)：199 - 201.

47. 周毅，甘先华，黎元伟. 2003. 池杉林凋落物特征的研究[J]. 华南农业大学学报(自然科学版)，24(2)：19 - 21.

48. 周毅，甘先华，王明怀，陈红跃，苏志尧. 2005. 广东省生态公益林生态环境价值计量及评估[J]. 中南林学院学报，25(1)：9 - 14.

49. 周毅，黎艳明，郭乐东，钟军民，李召青，钟锡均，汤明霞，张卫强，甘先华. 2009. 蕉岭长潭省级自然保护区表土有机碳研究[J]. 广东林业科技，25(5)：1 - 7.

50. 周毅，钟锡均，郭乐东，甘先华，黎艳明，张坤洪，李召青，梁远楠，辛凤坪，张卫强. 2009. 不同土地利用式下表土有机碳含量和密度特征的研究[J]. 广东林业科技，25(6)：1 - 7.

51. 朱廷曜，关德新，吴家兵，金昌杰. 2004. 论林带防风效应结构参数及其应用[J]. 林业科学，40(4)：9 - 14.

附件

"聚焦中国森林生态系统定位研究网络"系列报道

科技突破——创新催生国家数据

（记者 梅 青）

　　一直默默无闻、鲜为人知的"中国森林生态系统定位研究网络"近半年来却因一个重要的事件浮出水面，并成为人们热捧的机构。

　　2009 年 11 月 17 日，在国务院新闻办举行的第七次全国森林资源清查结果新闻发布会上，国家林业局局长贾治邦对外首次发布了"我国森林生态系统服务功能年价值达 10.01 万亿元"，引起了国内外的高度关注。同时公布的"涵养水源、保育土壤、固碳释氧、积累营养物质、净化大气环境、生物多样性保护"6 项服务功能的子数据，让世人对中国林业刮目相看，切身地感受到林业与人类生活的密切关系，特别是是 6 项森林生态服务功能总价值量相当于全国年 GDP 总量的 1/3 的事实，着实让人惊叹！这些数据，是中国森林生态系统定位研究网络的定位观测成果的首次被量化和公开发表。"国家林业局科技司司长魏殿生日前接受记者采访时说，"在全球生态危机和应对气候变化的大背景下，这一组数据的出炉，为国家宏观决策提供了有力支持，意义重大；也让人们更加直接感受到科技进步、和林业发展对国家经济社会的发展作出的重大贡献。"

　　数据：凸显林业突出地位和作用

　　中国公布全国森林生态服务功能价值为什么会引起国际社会的广泛关注并赢得高度评价？

　　魏殿生说，"在国家尺度上公布全国森林生态服务功能价值，世界上没有几个国家能做到，但中国却靠国家力量做到了。数据，显示了我国森林生态服务功能评估的理论和实践取得了重大突破，树立了中国现代林业的崭新形象；数据，也更加凸显出林业越来越突出的重要地位和作用，为我国应对气候变化的国际谈判和履约增加了谈判筹码分量和话语权。"

　　伴随着气候变暖、土地沙化、水土流失、干旱缺水、物种减少等各种生态危机对人类的严重威胁，林业的地位和作用也在发生着根本性的改变化，由过去单纯追求木材等直接经济价值转化为追求综合价值，特别是转化到追求涵养水源、保育土壤、固碳释氧、净化空气等多功能生态价值上来。

但林业的生态多功能价值到底有多大，长期以来受科技的局限我们只能去定性'描述'，无法用'数据'完整、准确地再现。"魏殿生说，"依托中国森林生态系统定位研究网络的研究成果，形成的中国森林生态服务功能价值，标志着我国可以实现'全面'地反映了林业的多功能价值和效益，表明了我国森林生态效益远远超出其直接经济效益，对国家生态安全起着至关重要的作用，更能全面地反映出林业在国民经济发展中的突出地位和作用，也用科学的数据有力支持和佐证了中央对林业'四地位'的英明判断。"

在当前全球追求低碳经济、大力节能减排的特殊时期，在国家尺度上形成中国森林生态服务功能价值有着更深远的意义"。魏殿生说，"众所周之，国家主席胡锦涛倡议的被国际社会誉为应对气候变化的森林方案，正成为后京都时代各国普遍重视的最经济的减排方式。中国对外公布的全国森林生态系统总碳储量为 78.11 亿吨的数据，不仅彰显了中国在植树造林、保护森林资源方面取得了令世界瞩目的成绩，也为中国政府在国际谈判中提供了科学数据和谈判筹码。"

突破：创新破解世界难题

当今世界，只有美国、日本等少数国家才能做到定期公布国家森林生态价值。在全国尺度上实现森林多功能价值的量化一直是国际上的一大尖端难题。

我国之所有所以走到世界前列，体现了国家意志，首先是因为国家高度重视和支持生态观测等公益行业的科技事业，其次是走出了一条具有中国特色的生态定位研究之路。在长期监测形成大量基础数据的基础上，在较短的时间里实现了全国加快布网、统一监测标准、数据集成处理的等三大科技创新，最终形成了国家权威数据。"魏殿生介绍说。

我国对森林多功能价值的测定、量化具有良好的基础。早在上世纪 50 年代，我国就开始了森林生态系统野外生态学及功能价值的监测和研究工作，历经几十年的发展，在全国逐步建立了多个野外固定生态站，积累了一批具有突出价值的监测和研究成果。

2003 年，为适应国家在生态保护、自然资源管理、应对气候变化和实现可持续发展等宏观决策对各种生态基础数据的要求需求，国家林业局正式成立了"中国陆地生态系统野外观测研究与管理中心"，并分别成立了中国森林生态系统定位研究网络(CFERN)以及湿地、荒漠定位研究网络三个管理分中心，从此森林生态站的建设开始提速，并在 7 年的时间里就实现了三大科技突破：

突破一：网络布局实现基本覆盖。国家林业局先后投资 1.5 亿元在全国建设了 50 个横跨 30 个纬度、代表不同气候带、与国家生态建设决策尺度相适应的大型生态学研究网络。该网络站点基本覆盖了我国主要典型生态区，涵盖了我国从寒温带到热带、湿润地区到极端干旱地区的最为完整和连续的植被和土壤地理地带系列，形成了生态梯度由北向南以热量驱动为主和由东向西以水分驱动为主的生态梯度的大型生态学研究网络，基本满足了观测长江、黄河、雅鲁藏布江、松花江（嫩江）等流域森林生态系统动态变化和研究森林生态系统与环境因子间响应规律的需要。

突破二：形成统一规范和标准。为解决过去由于评估指标体系多样、评估方法有别、评估公式不统一而造成的各生态站监测结果无法进行比较的弊端，"十一五"初期，在国家林业局贾治邦局长的指示下，2007年正式启动了"中国森林生态系统服务功能定位观测和评估技术"重大项目研究，并于2008年形成了《森林生态系统服务功能评估规范》标准。这是目前世界上唯一一个针对生态服务功能而设立的专业标准。构建了包括涵养水源、保育土壤、固碳释氧、营养物质积累、净化大气环境、森林防护、生物多样性保护和森林游憩等8个方面14个指标，采用由点到面、由各省（区、市）到全国的方法，从物质量和价值量两个方面科学评估中国森林生态系统的服务功能和价值。

突破三：形成了完善的数据处理能力。CFERN参照数字化生态站建设规范和标准，完成了森林生态服务功能定位观测数据的高精度稳定自动采集、数据库建设、安全传输与存储以及质量控制和管理，提高了对观测数据进行分类、标准化、集成、分析的能力，建立了完善的数据管理信息系统，从而实现了中国森林生态系统服务功能评估数据的共享服务，最终形成了全国尺度的森林生态功能基础数据平台。

对此，魏殿生感慨系之，"尽管世界上许多国家较早地开展了生态学的基础观测和研究并取得了突出的重要成果，但多数国家还处于科研状态，而中国却在较短的时间里以国家力量建设和完善了这一体系，并上升为国家决策和行业需要的服务体系，为提升林业科技的整体水平作出了应有的贡献。"

据了解，中国森林生态服务功能价值成果评估，吸取了世界上最先进的科研成果，借鉴了联合国千年生态系统评估（MA）、政府间气候变化委员会（IPCC）等权威机构评估报告以及日本、美国等国家开展森林服务功能评估的方法与经验联合国千年生态系统评估、美国Vermont大学环境和自然资源学院等人综合国际上用各种不同方法评估及日本林野厅1972年、1991年、2001年对日本全国7种类型的森林生态效益评估作法与成果。但专家指出，全国10.01万亿元的森林生态价值量仍是一个保守数据，世界上一些国家公布的国家数据包括7个方面内容，而我国只有6个方面。因此，我国森林生态服务功能的实际价值只多不少！

（《中国绿色时报》2010年6月24日头版头条）

历史责任——为科学决策提供基础数据

中国森林生态系统定位研究网络(以下简称生态站网)从一诞生起，就肩负着历史责任：为国家宏观决策和行业发展提供基础数据。

经过几十年的建设发展，这一网络已产生了许多研究成果并付诸实际应用，为满足国家和行业发展需求作出了重要的贡献。

中国森林生态系统定位研究网络管理中心主任、中国林科院森林生态环境与保护研究所首席专家、研究员王兵，接受记者采访时介绍了几个应用实例。他说，这些例子让人对"生态站网"印象深刻。

科学指导重大工程建设

改革开放以来，国家确定了以生态建设为主的林业发展战略，启动实施了一批重点林业生态工程。生态站网在初步形成覆盖主要生态区域的基础上，产生了一系列科学观测研究成果，为重点林业生态工程建设提供了决策服务和技术支撑。

生态站网大尺度的科研协作，形成了典型区域生态建设需水定额、土地承载力、空间配置与结构设计等工程建设关键问题和瓶颈技术的研究成果。同时，生态站网在典型地区长期的定位观测研究，为科学监测和评价工程生态效益提供了不可或缺的重要基础数据，从而客观、真实地反映林业生态工程建设成果。

三北地区是我国沙化和水土流失最严重的地区，区域内沙化土地面积占全国沙化土地面积的85%，水土流失面积占全国水土流失面积的67%。森林覆盖率远低于全国平均水平，风沙、干旱等生态灾害发生频繁，生态环境十分脆弱，严重制约着区域经济社会的可持续发展。被邓小平誉为"绿色长城"的三北工程上马后，通过先后开展的四期工程建设，有效地改变了这一地区的生态环境。

三北工程三期建设开始后，工程重视借鉴这一地区生态站的生态观测和研究成果，选择经过科学测定确定为耗水少、耐干旱、耐贫瘠、生态效果突出的乔灌树木，突出水的平衡性，提倡适地适树、乡土树种、混交造林等，更加尊重自然规律，为工程的科学规划和实施建设提供了有力支撑。

其他国家重点工程以及部分省份的重点工程也都利用了生态站网"长期监测和研究的相关成果，指导科学造林。

区域评估成果引来政府巨额投资

2008年，河南省公布了全国首个省级林业生态效益价值评估成果：全省2006

年森林生态效益评估总价值为2313.62亿元。这是"生态站网"联合地方政府、科研单位开展攻关形成的"杰作"。

"生态站网"经过多年的数据积累、方法完善、技术升级与平台优化，早在开展全国森林生态服务功能价值评估前，便在一些省区开展了评估实践。

据介绍，此次效益评估，是按照国家发布的《森林生态系统服务功能评估规范》（LY/T 1721-2008），依据2007年河南省森林资源连续清查最新数据，分农田防护、固碳、调节水量、净化水质、固土、保肥、释氧、林木营养积累、森林游憩、节约能源、减少CO_2和SO_2排放等17项指标，测算出河南省森林生态系统服务功能指标的实物量和价值量。

评估产生的巨大生态效益数值，超出了人们的想像，也引起了河南省政府对林业的高度重视，并推动政府制定了《河南林业生态省建设规划》，保障了巨额林业投资。按照规划，河南省各级政府要在2008年至2012年总投资约400亿元，用于全省林业生态省建设。

近年来，"生态站网"还先后对辽宁省、贵州省黔东南苗族侗族自治州等地的森林生态服务功能进行了评估，为区域宏观经济发展及生态建设决策提供了科学的依据。

政策性补偿转化为科学性补偿

森林由于具有生态效益外部性和公共物品的特性，造成了其较大部分的效益难以通过传统市场实现其经济价值。国家设立的森林生态效益补偿制度就是对森林生态效益价值的承认和补偿，为保证森林生态功能提升提供了资金支持，是实现我国森林资源可持续发展的一项科学制度构架。

但这项制度建立以来，由于受科技发展的制约，各地只能依据公益林面积笼统地开展政策性补偿，而无法根据实际生态价值量开展科学补偿。

王兵谈及这一问题时说，目前已出现了良好的倾向，随着"生态站网"的科技突破，个别地方开始尝试由政策性补偿向科学性补偿转化，一些省市正在与"生态站网"合作，力求对不同类型的生态林价值进行科学测算，以期达到依据不同公益林的实际生态质量进行科学补偿的目的，这种开创性的作法是符合经济规律和价值规律的。

"但在生态价值科学补偿的探索中也要注意纠正一种错误倾向"，王兵认为，不能盲目追求森林的多功能性。他说，森林的多功能性是客观存在的，但在实际生活中我们要求公益林发挥的效益和作用是不同的。对水源林，我们追求的是涵养水源功能价值的最大化；对碳汇森林，我们追求的是实现碳汇价值的最大化；对用材林，我们追求的是树干蓄积量的最大化。并不是要求森林所有功能的效益综合最大化。因此，在实践中，要根据不同功能需求配置产生目标效益最大化的不同树种。成果补偿时要依据某一需求功能的价值的大小来进行。

实际上，随着社会的进步，未来"定位研究网格"的应用前景将更加广阔，其中，一个重要的应用是为实现绿色 GDP 提供科学数据。

众所周知，在人类社会发展中，由于技术的缺失和人们认识的局限，国民经济核算体系只偏重于经济产值及其增长速度的核算，而忽视国民经济赖以发展的生态资源基础和环境条件的核算，未能体现作为生命支持系统的间接价值的作用，从而导致了各种生态灾难，造成更大的经济损失。"生态站网"森林生态多功能价值核算的突破，为实现绿色 GDP 提供了技术支持和可能。

"四化"建设——提高科学性和有效性

生态定位观测研究是国际上通用的为研究和揭示生态系统结构与功能变化规律，而采用的重要科研手段。

伴随着人类对全球气候变化等重大科学问题的日益关注，各国纷纷加快森林生态站的建设步伐，以应对宏观决策所需的基础信息和数据支持。美国长期生态学研究网络和英国环境变化研究网络取得部分研究成果，已应用于国家资源、生态和环境管理政策的制定和实施。日本依据生态站网络监督监测成果，已公布了三次全国森林生态效益价值。

中国森林生态站网的建设发展，也伴随着国家决策需求，走过了由单纯追求科研成果转化到为以满足国家决策需求为首要目标的发展历程。为提高生态观测和研究的科学性和有效性，我国先后实施了"四化"建设。

自动化、数据化提高科研成效

据中国森林生态系统定位研究网络管理中心主任，中国林科院森林生态环境与保护研究所首席专家、研究员王兵介绍，中国森林生态站的发展建设已有近60年的历史。上世纪50年代，在创建森林生态系统概念的世界顶尖大师原苏联专家苏卡乔夫的指导下，中国在西双版纳、川西等地创建了半固定的生态观测点，拉开了生态学的基础观测的历史。

进入上世纪70年代后，中国引进了欧美理论，开始在重点区域建设有固定基地、固定队伍的一批生态站，留下了一批珍贵的观测数据。

为了取得这些观测数据，早期人们必须走很长的路，到指定地点定时定点观测或取样，费时费力、十分艰苦、效率低下。因此，工作者们十分渴望实现监测的自动化。

随着科技的发展，一批自动化监测仪器设备相继问世，结束了靠人到现场直接监测的历史，大大提高了监测效率。

"之后，技术设备的高科技化一直成为这一领域发展的追求，目前已达到类似于给人看病的高科技程度。"王兵研究员举例说，如要了解冰雪灾害对树木内部结构的损伤程度，现在只需利用树干根系雷达监测系统，对树木进行非侵入式扫描成像，即可了解树根的健康状况和结构的完整性。如想了解树木对水的需求变化，只需在树干中插入植物导水率测定仪即能测定水流的变化。这种观测有利于科学选择造林树种，做到适地适树。上世纪 80 年代后进入新世纪以后，中国森林生态站网建设步入了数字化构建的新阶段。

尽管各个生态站经过长期定位观测，已积累了几十亿个观测数据，研究人员也利用手工收集、记录、存储和分析处理了定位观测站的海量数据，并取得了丰硕成果。但受数据采集、管理和分析手段的限制，大量数据资源中蕴含的有用信息尚未揭示出来，许多数据和信息都没能很好地实现共享。

中国森林生态站网的数字化建设，着眼于利用 3S 技术、计算机技术、数字化技术、网络技术、智能技术和可视化技术等技术手段，构建数字化信息平台，将信息资源标准化、规范化，对生态站长期定位观测的数据进行数字化采集与传输，实现了生态站各种科学数据与信息的充分共享。

中国森林生态定位站网的数字化构建，使监测和研究成果的整合和高效利用进入了快车道。

网络化、标准化走向世界前沿

为实现大尺度、更加宏观、更高层次的重大科学研究，各国生态系统观测研究开始向跨区域、多站联合的方向发展。我国生态站联网建设的构想始于 1992 年，1998 年新建了一批生态站，使站点布局初具规模。2003 年，中国森林生态系统定位研究网络正式组建，标志着森林生态站网建设进入了加速发展、全面推进的关键时期。到目前，整个网络已发展为具有 57 个森林生态站、近 300 个观测点的全国性观测研究网络。

为解决各站点数据采集的标准化，为最终集成宏观数据提供支持，近年来中国森林生态系统定位研究网络大力开展了规范化、标准化的建设。为确保建设质量，国家林业局先后颁布实施了《森林生态系统定位观测指标体系》（LY/T 1606 – 2003）、《森林生态系统定位研究站建设技术要求》（LY/T 1626 – 2005）、《森林生态系统服务功能评估规范》（LY/T 1721 – 2008）以及寒温带、暖温带、热带、干旱半干旱区森林生态系统定位观测指标体系等林业行业标准。

至此，中国森林生态系统定位研究网络已具备了提供国家决策及行业发展需要的大尺度生态基础数据研究的条件。新近公布的中国森林生态服务功能价值就是该网络"四化建设"的突出成果，它为政府决策提供了科学数据、有力支持。这一研究成果位居世界前列。

森林固土保水监测与评估——保障国土生态安全

1998 年长江、嫩江大水给人们带来的沉痛教训和启示是，生态安全不容忽视！

随着经济社会的不断发展，影响国家安全的因素越来越多，生态安全已上升为一个突出问题。水土流失严重，土地荒漠化加剧，土壤质量变差，水环境恶化等，这些关乎国土、水、生命健康等方面的生态安全问题严重影响着我国经济社会的可持续发展。

国土生态安全与森林资源有着密切的关系。据国家林业局局长贾治邦去年底在第七次森林资源连续清查新闻发布会上公布的依托中国森林生态系统定位研究网络监测与评估形成的数据，目前，我国森林生态系统年涵养水源量 4947.66 亿立方米，年固土量 70.35 亿吨，年保肥量 3.64 亿吨。

进一步解析上述数据，更能让人清楚地了解到森林在保障国土生态安全方面发挥的重要作用：我国森林年固土量如按土层深度 40 厘米计算，每年森林可减少土地损失 351.75 万公顷；森林年保肥量如按含氮量为 14% 的氮肥计算，相当于节省氮肥 26 亿吨。2008 年我国进口化肥 618.5 万吨，森林年保肥量相当于我国 42 年的总化肥进口量。森林年涵养水源量相当于建设 13 个三峡水库。森林固土保水功能的年价值为我国 2008 年 GDP 近 1/6。

这是国家持续开展规模空前的林业生态建设取得的举世瞩目的成就，表明中国林业为改善生态状况、应对生态危机作出了积极贡献。

据专家介绍，森林固土保水作用包括森林涵养水源和保育土壤两项功能。中国森林固土保水功能的监测与评估依托中国森林生态站网的长期连续观测研究数据。过去由于技术方面的限制，使这一方面的国家数据统计成为一大难题。

中国森林生态系统定位研究网络通过整合优势科研资源，在固土方面，主要监测和研究有林地土壤侵蚀模数，无林地土壤侵蚀模数，土壤容重、含氮量、含磷量、含钾量、有机质含量等；在保水方面，主要监测和研究林外降水量、林内降水量、林分蒸散量、快速地表径流量等。通过长期的动态监测和高密度的科学观测，准确了解和及时掌握事关国家生态安全的重要数据，为国家掌握资源和生态变化真实状况提供了决策支持。

据中国森林生态系统定位研究网络中心主任王兵介绍，该网络不仅为国家决策提供了科学数据，在一些地区的工作实践上也进行了科学指导。

东江水源是珠江三角洲经济区重要水源地，事关深圳、香港地区人民的生活质量。但长期以来，珠江三角洲缺水问题严峻、水污染严重、受污染损失的水资源量较大。广东省东江水源涵养林生态系统定位研究站通过长期观测获得的原始数据，找到症结，为解决这一问题提出"水源涵养林空间配置与林分结构优化方案"，在这一方案指导下，东江流域水源林林分结构日趋合理，水土保持、水源涵养和净水功能强化，从而为珠江三角洲及深圳和香港地区提供优质和充足的水源，发挥了重要的生态效益和经济效益。

在我国广阔的西北地区，由于干旱缺水、森林资源破坏严重等原因，致使水土流失、土地荒漠化等生态灾难十分严重。多年来国家陆续投入巨资进行生态环境治理，尤其是造林植被恢复，但由于没有研究、理解和处理好森林植被和水资源的相互关系，致使人工植被建设存在质量不佳、生长速度缓慢、病虫危害严重，生态效益偏低等现象。如今，位于西北地区森林生态站的多年长期连续观测研究为解决干旱地区的科学造林找到有效途径．

宁夏六盘山森林生态系统定位研究站针对地处黄土高原生态建设中的生态关键区，系统地开展了干旱地区森林水文、森林生态方面的定位观测和长期研究，提出了拟自然多树种混交、灌丛稀植乔木、非常用树种造林、过密人工林调控等水源涵养林管理实用技术，其研究成果广泛推广后，提高了森林植被的抗旱节水能力及近自然程度，提升了干旱地区植被建设管理水平，基本遏制了地区生态环境不断恶化的趋势。

中国森林生态系统定位研究网络用具有说服力的精确数据和成功范例，为公众解读了森林固土保水功能对保障国土安全的重要作用。

森林固碳效果监测与评估——应对气候变化

发展林业，正成为当今国际社会应对气候变化的新的战略选择。

2009 年 12 月召开的哥本哈根联合国气候变化大会达成了一份重要的协议文本，文本中第六条款特别明确了森林在应对气候变化中的独特作用："我们认识到，减少滥伐森林和森林退化引起的碳排放是至关重要的，我们需要提高森林对温室气体的清除量，我们认为有必要通过立即建立包括 REDD + 在内的机制，为这类举措提供正面激励，促进发达国家提供的援助资金的流动。"

森林碳汇以最经济、最直接、最快捷的优越性受到各国的瞩目，并成为各国应对气候变化和履行国际减排义务的重要途径。

2009 年 9 月，胡锦涛主席在联合国气候变化峰会上提出，中国要大力增加森林资源，增加森林碳汇，争取到 2020 年中国森林面积比 2005 年增加 4 000 万公顷，森林蓄积量比 2005 年增加 13 亿立方米。

这是最大的发展中国家——中国向世界展示对未来高度的责任心，也争得了应对全球变暖问题的话语权。

胡锦涛主席的承诺掷地有声的依据是，中国森林生态系统长期监测与评估的结果：中国森林生态系统的年固碳量为 3.59 亿吨，折算为年吸收二氧化碳量为 13.15 亿吨，为我国 2008 年二氧化碳年排放量 60.18 亿吨的 21.85%，表明中国排放的近 1/4 的二氧化碳被森林所固定，年释氧量为 12.24 亿吨。

中国森林固碳释氧功能价值的测算依托中国森林生态站网的长期连续观测研究数据。主要体现在林分净生产力和土壤年固碳速率数据上。我国的固碳效果监测，早在上世纪 50 年代末森林生态站成立之初就已开展。进入 21 世纪，以全国森林生态站为基础，从现有森林资源出发，开始探讨适合于评价我国森林在大气碳平衡中作用的研究框架。新的技术研究突破在于不仅认识了森林地上部分产生的固碳价值，还更多地关注森林的多层次固碳效果，特别是地下部分——土壤产生的固碳作用，这使中国原有的固碳价值的测算数值有了较大的提升，并更接近真实。

2009 年中国森林生态系统定位研究网络与广西壮族自治区林业厅合作开展的森林生态效益评估结果，表明了中国森林碳汇发挥的作用是巨大的。仅广西全区一年森林固碳量就达 4 870.15 万吨，折算成二氧化碳为 17 857.22 万吨。中国生态站网中心主任王兵将广西工业二氧化碳排放量进行比对发现，广西森林基本可以消除全区工业二氧化碳排放量，从而实现了广西的二氧化碳"零排放"。

河南宝天曼森林生态站是对中国森林固碳价值核算有重要作用的生态站。该森林生态站的观测系统通过对林内的风、温度、湿度、水汽压、辐射、土壤热通量等进行监测，揭示了生态系统碳通量(单位时间和单位面积内碳增减的数量)的日、季节和年际波动特征及其对环境因素变化的相关性，从而准确地估计陆地生态系统碳吸收能力。宝天曼森林生态站的长期连续观测研究为森林生态系统碳平衡模型的建立和验证提供了有效数据，其碳汇效应及其对国家减排的贡献率，是制定 CO_2 减排相关重大战略决策急需的数据依据。

中国政府由于在森林碳汇计量和监测工作中掌握了主动权，对于推进森林碳汇和国际履约谈判产生了重要作用。国家林业局代表团去年出席了联合国气候变化峰会和哥本哈根会议，积极参加应对气候变化林业议题谈判，参与相关国际规则制订，适时发布了《应对气候变化林业行动计划》。

目前世界上对于二氧化碳的减排主要有三种技术方向和选择：一是采取化石能源的替代技术；二是提高能效、减少能耗；三是碳埋存及生物碳汇技术。从目前情况看，前两种技术都难以推广。进行技术改造和推进替代技术，成本高，各国难以承受；提高能效或过多减少能耗，会严重影响 GDP，举例说，如果我国实行"气代煤"的比例为5%，二氧化碳的排放量就会减少4.9%，但 GDP 会下降2.0%。

森林碳汇因潜力大、易执行、见效快、成本低、对经济增长影响小等特点正成为一种新的技术方向选择，是当前减排的最佳手段。

我国第七次森林资源清查结果显示，我国森林面积蓄积持续增长，全国森林覆盖率由18.21%提高到20.36%，森林质量不断提高，森林生态服务功能不断增强。这些成果更说明了我国森林碳汇有着巨大潜力。

国家林业局局长贾治邦接受媒体采访时说，中国林业在应对气候变化中已成功开展了多项工作。胡锦涛主席就林业工作作出重要指示，强调要依靠人民群众，依靠科学技术，依靠深化改革，扎实开展植树造林活动，着力加强森林保护和经营，确保实现2020年的奋斗目标。

森林净化大气环境功能监测与评估——调节空气质量

"欢迎大家到大森林里来，在这里，你将享受到无与伦比的生态盛宴。你在这里呼吸一口空气，可能比你在外面吃 10 顿美餐还要有营养。希望大家珍惜这次机会，打开你的心胸，深深地呼吸，享受大自然带给你的美餐。"

2008 年 7 月 6 日，辽宁省政府新闻办公室把新闻发布厅"搬到"辽宁东部山区的老秃顶子国家级自然保护区一片茂密的红松林里。发布会开始前，沈阳农业大学副教授周永斌打开负氧离子测试仪，现场测量出这片红松林里的空气负氧离子含量达到了每立方厘米 4 700 个。此前，在离红松林不远的瀑布区测得的负氧离子含量高达每立方厘米 10 万个，在本溪市区中心测得的空气负氧离子含量只有每立方厘米 538 个。

据研究，空气中负氧离子的浓度大小，跟人的身体健康有直接关系，浓度值在每立方厘米 600 个以上时，人能感觉到空气清新；在每立方厘米 1 000 个以上时，有利于人体健康；而浓度值高于每立方厘米 3 000 个时，能增强人的免疫力。世界卫生组织规定，清新空气的负氧离子标准浓度为空气中不低于每立方厘米 1 000 ~ 1 500 个。

新闻发布会上，辽宁省林业厅新闻发言人张志茹发布了一组数字：2007 年辽宁省森林生态效益总价值为 2 918.37 亿元，其中，净化大气环境功能价值 146.55 亿元。2 918.37 亿元是个什么概念？辽宁省林业厅厅长曹元给记者们解读说，这相当于全省当年国民生产总值的 26.48%。

"森林有这么多的生态功能，而且对于我们的生活这么重要，过去我们还真的不知道！"辽宁省政府新闻办公室新闻处处长张允强感叹道，"难怪中央林业工作会议赋予林业如此高的地位。今后我们将更加积极地配合林业部门多做这方面的宣传，让更多的人了解林业、关注森林和支持生态建设。"

辽宁省一场别开生面的森林净化大气环境监测评估使森林净化大气环境的功能有了生动直观的说服力。

森林净化大气环境功能是指森林生态系统通过吸收、过滤、阻隔、分解等过程将大气中的有毒物质(如二氧化硫、氟化物、氮氧化物、粉尘、重金属等)降解和净化，降低噪音，并提供负氧离子、萜烯类物质等物质，提高空气质量的功能。

中国森林生态系统定位研究网络观测研究表明，我国森林年吸收大气污染物量达到了 0.32 亿吨,年滞尘量达到? 50.01 亿吨,相当于数以亿计的空气净化设备。这表明森林在调控空气质量方面具有强大功能。

中国森林净化大气环境功能价值的评估成果是依托中国森林生态站网的长期连续观测研究数据产生的。在负氧离子方面,主要监测和研究负氧离子浓度、林分平均高等数据;在吸收污染物方面,主要监测和研究单位面积林分吸收二氧化硫量、氟化物量、氮氧化物量和年滞尘量等数据。

据测算,在郁闭度较好的森林里呆 30 分钟后,肺能增加氧气吸收量 20%,而多排出 14.5% 的二氧化碳。所以空气中的负氧离子又被称为"长寿素"或"空气维生素"。

四川、湖南首开先例,发挥森林生态站的监测和研究功能,定期定点对空气中的负氧离子含量进行公布,引导人们调整生活方式,去负氧离子含量多的地方休闲度假。

随着经济社会的发展与繁荣,居民对绿色的期望越来越高。预计将有更多的城市和旅游景点加入定期监测和公布空气负氧离子含量的行列中。这同时也对中国森林生态系统定位研究网络工作提出更高要求,人们期待在森林净化大气环境功能监测与评估的基础上,尽快建立森林生态环境动态评价、监测和预警体系,为各级决策部门及时提供科学依据,保障人民生活质量,提高人民幸福指数。

森林生物多样性保护功能评估——提高物种丰富度

森林的生物多样性保护功能是什么？

专家称，是指森林生态系统为生物物种提供生存与繁衍的场所，从而对其起到保育作用的功能。其价值是森林生态系统在物种保育中作用的量化。主要测算的物种保育指标为多样性指数、单位面积生物物种资源保护价值、濒危指数等。

依托中国森林生态系统定位研究站网的长期连续观测数据，我国已完成了中国森林生物多样性保护功能的测算。评估结果表明，我国森林生态系统生物多样性保护价值为2.4万亿元/年，占2008年GDP的7.98%。

此次评估有许多创新之处，不仅重视反映森林中物种的丰富度，还兼顾表达物种分布的均匀度特别是濒危物种在其中的分布价值。

专家称，加强森林生物多样性保护功能的监测与评估，可以有针对性地探讨和解决森林经营中存在的一些问题，对维护森林生态系统的健康和生物多样性有重要作用。研究表明，在各类生态系统中，森林生态系统拥有的生物多样性较高。尤其是热带雨林，虽然仅覆盖地球陆地表面的7%，但其包含的生物种类却占全球已知物种的50%~70%。另外还有大量的物种，尤其是昆虫还未被分类，大部分已知物种也还未进行充分的认识，其生物学、生态学、食用或药用以及其他潜在的有益特性从科学的角度仍然未知。由于全球森林减少，致使动植物物种生存的空间、生活栖息与繁衍的环境遭受破坏而面临濒危或灭绝。据科学家预测，按照每年砍伐1700万公顷森林的速度，在今后30年内，物种极其丰富的热带雨林可能要毁在当代人手里，5%~10%的热带雨林物种可能面临灭绝。对于需要几十万年甚至几百万年才能孕育出来的物种在短时间内遭到灭绝，损失难以估计。如果能够科学地量化生物多样性的保护价值，并不断监测，就会引导人们重视森林之外的生物多样性保护的更大价值，也会促使人们更加重视森林的多种功能和自我调控能力，协调森林经营与人类的多种关系。

与固土保水、固碳效果、净化大气环境功能的监测与评估相比，生物多样性保护功能监测与评估因其特殊性相对滞后，但因此也成为新技术的突破口。

传统的调查方法，主要是利用野外抽样调查、室内试验和各地调查数据的手工汇集等方法获得生物多样性数据，数据准确性和可靠性受到极大的限制，随着地理信息系统、遥感和全球定位系统的发展，三者紧密结合，可以为人们提供精确的基础资料，其中包括图像和文中数据，为生物多样性调查与研究带来了新的思路和方法。

　　森林物种保育价值属于森林非使用价值范畴。由于非使用价值量化具有一定的难度，长期以来，只是提出了一些探索性的核算方法，这些方法普遍缺点是：采用间接指标，指标受人为因素影响大，评估结果的可比性差。2008年，中国森林生态系统定位研究网络中心主任、首席专家王兵等人提出了基于Shannon-Wiener指数的森林物种保育价值评估方法，并运用此方法对中国森林物种保育价值进行了评估，评价结果更接近理论认识。为了解决稀缺物种存在价值估算结果偏低的问题，又引入濒危系数指标，经濒危系数修正的Shannon-Wiener指数法能够综合反映森林物种量(多样性、面积)与质(濒危性)的因素，这就改变了以前研究只能了解森林的丰富程度而不能明确珍贵程度带来的巨大损失。

　　中国森林生态系统定位研究网络长期监测表明，我国森林生态系统具有强大的生物多样性保护价值，为数以万计的植物和动物提供了生存和繁衍场所。

　　(以上摘自《中国绿色时报》"聚焦中国森林生态系统定位研究网络"系列报道)

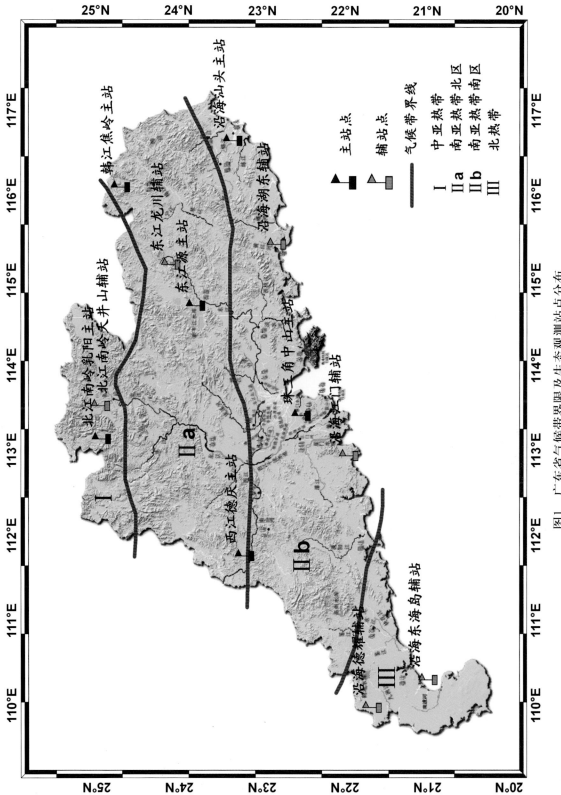

图1 广东省气候带界限及生态观测站点分布

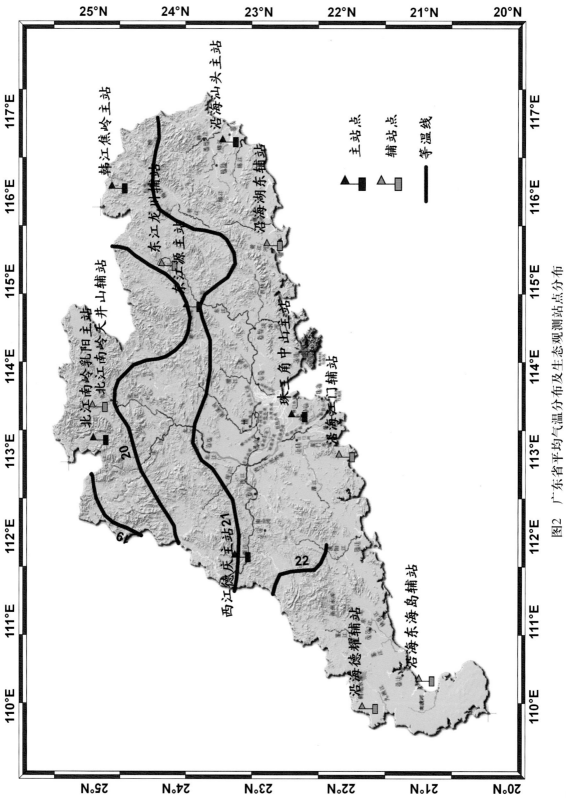

图2 广东省平均气温分布及生态观测站点分布

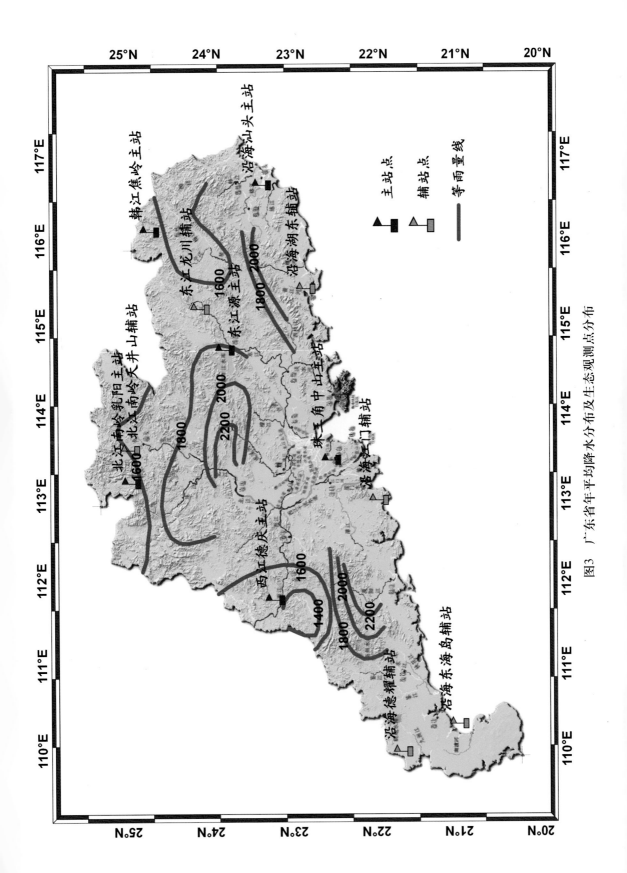

图3 广东省年平均降水分布及生态观测点分布

韩江焦岭主站
韩江龙川辅站
东江龙川辅站
东江源主站
沿海汕头主站
沿海湖东辅站
北江南岭乳阳主站
北江南岭天井山辅站
珠三角中山主站
沿海江门辅站
西江德庆主站
沿海德耀辅站
沿海东海岛辅站

主站点
辅站点
等雨量线

1600
1800
2000
2200
1400

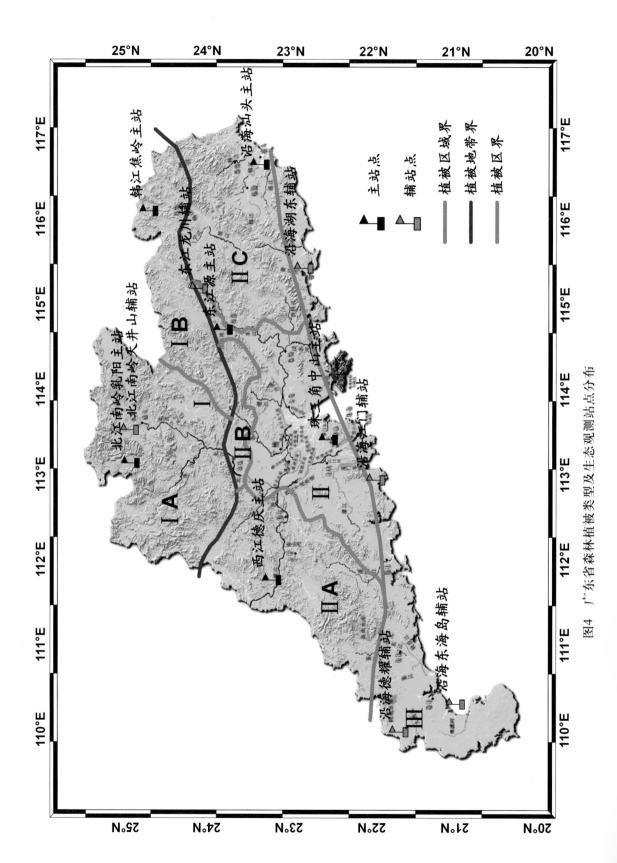

图4 广东省森林植被类型及生态观测站点分布

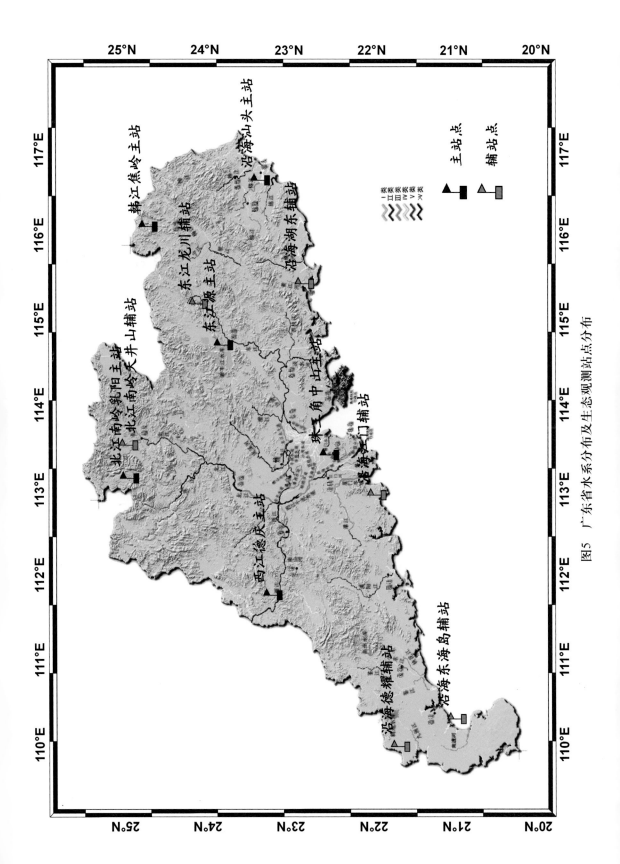

图5 广东省水系分布及生态观测站点分布